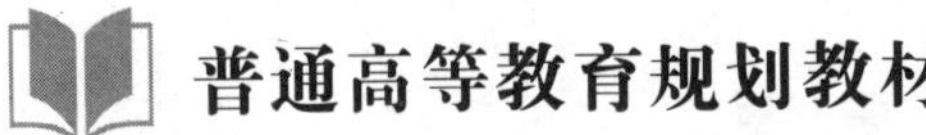

普通高等教育规划教材

可持续发展与节能建筑

SUSTAINABLE DEVELOPMENT & ENERGY SAVING BUILDINGS

◎王洪强 主编

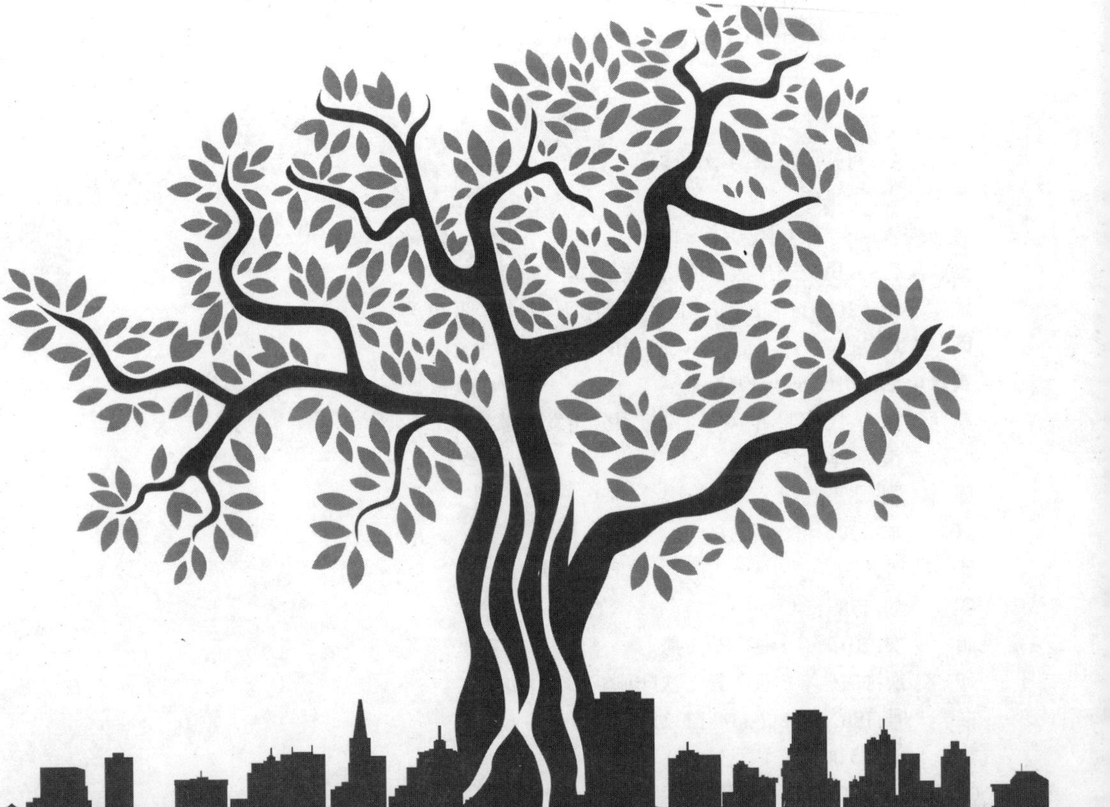

人民交通出版社股份有限公司
China Communications Press Co.,Ltd.

内 容 提 要

本书从可持续发展的重要性、建筑能耗现状、建筑节能政策、建筑节能技术、建筑节能成本与效益、建筑节能存在的问题与建议六个方面,系统地论述了绿色节能技术在建筑中应用的紧迫性和经济性,以及新建建筑和旧房改造中推广经济适用的绿色节能技术的可行性。

本书图文并茂、通俗易懂、深入浅出、科普性强,既可以作为高等学校的通识课教材,亦可以作为科普读物,供宣传推广绿色建筑使用。

图书在版编目(CIP)数据

可持续发展与节能建筑 / 王洪强主编 . -- 北京 : 人民交通出版社股份有限公司, 2015.7

ISBN 978-7-114-12321-4

Ⅰ. ①可… Ⅱ. ①王… Ⅲ. ①生态建筑—可持续性发展—研究—中国 Ⅳ. ① TU18

中国版本图书馆 CIP 数据核字(2015)第 130989 号

书　　名:可持续发展与节能建筑
著 作 者:王洪强
责任编辑:王　霞　陈力维
出版发行:人民交通出版社股份有限公司
地　　址:(100011)北京市朝阳区安定门外外馆斜街 3 号
网　　址:http://www.ccpress.com.cn
销售电话:(010)59757973
总 经 销:人民交通出版社股份有限公司发行部
经　　销:各地新华书店
印　　刷:北京鑫正大印刷有限公司
开　　本:720×960　1/16
印　　张:9.75
字　　数:178 千
版　　次:2015 年 7 月　第 1 版
印　　次:2015 年 7 月　第 1 次印刷
书　　号:ISBN 978-7-114-12321-4
定　　价:25.00 元

(有印刷、装订质量问题的图书由本公司负责调换)

前　言

建筑业作为耗能大户，对生态文明建设的进程与成效，有着至关重要的影响。统计数据表明：在全社会能耗中，建筑能耗占到近一半，为46.7%，远超其他行业。我国现有建筑总面积500多亿m^2，随着城镇化的发展，预计到2020年将新增建筑面积约300亿m^2。届时我国建筑能耗将达到10.9亿tce，据估算，比三峡电站34年的发电量总和还要多。因此，强化生态文明意识，从建筑的设计、建造到使用、维护的全寿命周期，都致力于绿色环保、节能减排，是实现全社会节能减排目标，建设绿色中国、美丽中国的关键环节。

然而公众对于绿色建筑的认识尚有许多误区，认为"绿色建筑就是高成本建筑""绿色建筑就是高科技建筑"。为改变人们对绿色建筑错误的思想观念，在新建建筑和旧房改造中推广经济适用的绿色节能技术，编者在上海大学本科生中开设了可持续发展与节能建筑通识课，受到了学生的普遍欢迎，对绿色建筑理念和节能技术的推广起到了良好的推动作用。为更广泛地介绍绿色建筑的观念和相关技术，编者整理近几年的教学研究成果，出版了本书。

本书从6个方面进行了论述：一是可持续发展的重要性（为什么建筑要节能）；二是建筑能耗现状（建筑能耗高不高）；三是政府推广节能建筑的政策（政府如何鼓励绿色节能建筑发展）；四是建筑节能技术（有哪些建筑节能技术可以应用）；五是绿色节能建筑投入是否有效益（投资绿色节能建筑是否值得）；六是节能建筑如何推广（哪些节能技术投资少、效率高）。

本书由上海大学管理学院王洪强主编。其中，第1章由王洪强、吕慧敏编写，第2、第5、第6章由王洪强编写，第3章由王洪强、马亮编写，第4章由王洪强、李皓编写，第6章由王洪强和遵义职业技术学院陈恒超老师编写。

本书在编辑出版过程中，得到人民交通出版社股份有限公司的大力支持。本书在编写过程中，引用了很多前人的研究成果，在此一并表示感谢。

由于编者水平所限，本书难免有不足之处，敬请广大读者在使用过程中提出反馈意见。可发送至编者邮箱：whqsl@shu.edu.cn，以便再版时改进。

编者

2015年5月

目录

第1章 | 绪　　论

1.1 可持续发展概念的形成与发展

可持续发展(Sustainable Development)是一种注重长远发展的经济增长模式,最初于1972年提出,指既满足当代人的需求,又不损害后代人满足其需求的发展,是科学发展观的基本要求之一。

1.1.1 可持续发展的定义

可持续发展的定义可以分为广泛性定义、科学性定义和综合性定义等。

1)广泛性定义

1987年世界环境及发展委员会在《布伦特兰报告书》中对可持续发展的定义如下:可持续发展是既满足当代人的需求,又不对后代人满足其需求的能力构成危害的发展。它是一个密不可分的系统,既要达到发展经济的目的,又要保护好人类赖以生存的大气、淡水、海洋、土地和森林等自然资源和环境,使子孙后代能够永续发展和安居乐业。可持续发展与环境保护既有联系,又不等同。环境保护是可持续发展的重要方面。可持续发展的核心是发展,但要求在严格控制人口增长、提高人口素质和保护环境、资源永续利用的前提下进行经济和社会的发展。发展是可持续发展的前提,人是可持续发展的中心体。

2)科学性定义

由于可持续发展涉及自然、环境、社会、经济、科技、政治等诸多方面,所以研究者所站的角度不同,对可持续发展所作的定义也就不同。大致归纳如下:

(1)侧重于自然方面的定义

"持续性"一词是由生态学家首先提出来的,即所谓"生态持续性"(Ecological Sustainability),意在说明自然资源及其开发利用程序间的平衡。1991年11月,国际生态学联合会(INTECOL)和国际生物科学联合会(IUBS)联合举行了关于可持续发展问题的专题研讨会。该研讨会的成果发展并深化了可持续发展概念的自然属性,将可持续发展定义为:"保护和加强环境系统的生产和更新的能力",其含义为可持续发展是不超越环境系统更新能力的发展。

(2)侧重于社会方面的定义

1991年,由世界自然保护同盟(INCN)、联合国环境规划署(UN-EP)和世界野生生物基金会(WWF)共同发表《保护地球——可持续生存战略》(Caring for the

Earth: A Strategy for Sustainable Living)，将可持续发展定义为“在生存于不超出维持生态系统涵容能力之情况下，改善人类的生活品质”，并提出了人类可持续生存的九条基本原则。

(3)侧重于经济方面的定义

爱德华•B•巴比尔（Edvard B.Barbier)在其著作《经济、自然资源：不足和发展》中，把可持续发展定义为“在保持自然资源的质量及其所提供服务的前提下，使经济发展的净利益增加到最大限度”。皮尔斯（D Pearce)认为：“可持续发展是今天的使用不应减少未来的实际收入”“当发展能够保持当代人的福利增加时，也不会使后代的福利减少”。

(4)侧重于科技方面的定义

斯帕思(Jamm Gustare Spath)认为：“可持续发展就是转向更清洁、更有效的技术——尽可能接近‘零排放’或‘密封式’，工艺方法——尽可能减少能源和其他自然资源的消耗”。

3)综合性定义

国内普遍认同的定义为：“所谓可持续发展，就是既要考虑当前发展的需要，又要考虑未来发展的需要，不要以牺牲后代人的利益为代价来满足当代人的利益。”可持续发展的核心思想可以归纳为两方面：第一，从时间上来看，当前的发展不能以牺牲子孙后代的利益为代价；第二，经济效益的增长不能以牺牲环境为代价。

1989年联合国环境发展会议(UNEP)专门为“可持续发展”的定义和战略通过了《关于可持续发展的声明》，认为可持续发展的定义和战略主要包括四个方面的含义：

①走向国家和国际平等；

②要有一种支援性的国际经济环境；

③维护、合理使用并提高自然资源基础；

④在发展计划和政策中纳入对环境的关注和考虑。

总之，可持续发展就是建立在社会、经济、人口、资源、环境相互协调和共同发展的基础上的一种发展，其宗旨是既能相对满足当代人的需求，又不能对后代人的发展构成危害。

1.1.2 可持续发展的基本内容

可持续发展包括三方面的内容：

①经济可持续发展；

②生态可持续发展；

③社会可持续发展。

1.1.3 可持续发展的形成与发展

(1)“可持续发展”在世界的发展历史

20 世纪 60 年代末，人类开始关注环境问题，1972 年 6 月 5 日联合国召开了《人类环境会议》，提出了“人类环境”的概念，并通过了人类环境宣言，成立了环境规划署。

可持续发展的概念，最早于 1972 年在斯德哥尔摩举行的联合国人类环境研讨会上正式讨论。这次研讨会云集了发达国家和发展中国家的代表，共同界定人类在缔造一个健康和富有生机的环境上所享有的权利。

1987 年世界环境与发展委员会在《我们共同的未来》报告中第一次阐述了可持续发展的概念，得到了国际社会的广泛共识。

(2)“可持续发展”在中国的发展历史

1991 年，中国发起召开了“发展中国家环境与发展部长会议”，发表了《北京宣言》。

1992 年 6 月，在里约热内卢世界首脑会议上，中国政府庄严签署了环境与发展宣言。

1994 年 3 月 25 日，中华人民共和国国务院通过了《中国 21 世纪议程》。为了支持《议程》的实施，同时还制定了《中国 21 世纪议程优先项目计划》。

1995 年，中华人民共和国把可持续发展作为国家的基本战略，号召全国人民积极参与这一伟大实践。

2000 年 11 月，中国共产党第十五届五中全会通过的《中共中央关于制定国民经济和社会发展第十个五年计划的建议》指出：“实施可持续发展战略，是关系中华民族生存和发展的长远大计。”

2012 年 6 月，国务院对外正式发布《中华人民共和国可持续发展国家报告》。

2013 年 9 月，《大气污染防治行动计划》由国务院正式发布。《行动计划》提出：经过五年努力，使全国空气质量总体改善，重污染天气较大幅度减少，京津冀、长三角、珠三角等区域空气质量明显好转；力争再用五年或更长时间，逐步消除重污染天气，全国空气质量明显改善。

1.1.4 可持续发展的基本内涵

2002 年，中国共产党第十六次全国代表大会把“可持续发展能力不断增强”作为全面建设小康社会的目标之一。可持续发展是以保护自然资源环境为基础,以激励经济发展为条件,以改善和提高人类生活质量为目标的发展理论和战略。它是一种新的发展观、道德观和文明观。

(1)突出发展的主题

发展与经济增长有根本区别,发展是集社会、科技、文化、环境等多项因素于一体的完整现象,是人类共同的和普遍的权利,发达国家和发展中国家都享有平等的不容剥夺的发展权利。

(2)发展的可持续性

人类的经济和社会的发展不能超越资源和环境的承载能力。

(3)人与人关系的公平性

当代人在发展与消费时应努力做到使后代人有同样的发展机会;同一代人中,一部分人的发展不应当损害另一部分人的利益。

(4)人与自然的协调共生

人类必须建立新的道德观念和价值标准,学会尊重自然、师法自然、保护自然,与自然和谐相处。中国提出的科学发展观把社会的全面协调发展和可持续发展结合起来,以经济社会全面协调可持续发展为基本要求,指出要促进人与自然的和谐,实现经济发展和人口、资源、环境相协调,坚持走生产发展、生活富裕、生态良好的文明发展道路,保证一代接一代地永续发展。从忽略环境保护受到自然界惩罚,到最终选择可持续发展,是人类文明进化的一次历史性重大转折。

2012年,中国共产党第十八次全国代表大会提出以科学发展观作为行动指南,全党必须更加自觉地把推动经济社会发展作为深入贯彻落实科学发展观的第一要义,更加自觉地把以人为本作为深入贯彻落实科学发展观的核心立场,更加自觉地把全面协调可持续作为深入贯彻落实科学发展观的基本要求,更加自觉地把统筹兼顾作为深入贯彻落实科学发展观的根本方法。

1.1.5　中国可持续发展的指导思想和战略目标

(1)指导思想

我国实施可持续发展战略的指导思想是:坚持以人为本,以人与自然和谐为主线,以经济发展为核心,以提高人民群众生活质量为根本出发点,以科技和体制创新为突破口,坚持不懈地全面推进经济社会与人口、资源和生态环境的协调,不断提高我国的综合国力和竞争力,为实现第三步战略目标奠定坚实的基础。

(2)发展目标

21世纪初,我国制定的可持续发展的总体目标是:可持续发展能力不断增强,经济结构调整取得显著成效，人口总量得到有效控制，生态环境明显改善，资源利用率显著提高，促进人与自然的和谐，推动整个社会走上生产发展、生活富裕、生态良好的文明发展道路。

通过国民经济结构战略性调整，完成从“高消耗、高污染、低效益”向“低消耗、低污染、高效益”转变。促进产业结构优化升级，减轻资源环境压力，改变区域发展不平衡，缩小城乡差别。

继续大力推进扶贫开发，进一步改善贫困地区的基本生产、生活条件，加强基础设施建设，改善生态环境，逐步改变贫困地区经济、社会、文化的落后状况，提高贫困人口的生活质量和综合素质，巩固扶贫成果，尽快使尚未脱贫的农村人口解决温饱问题，并逐步过上小康生活。

严格控制人口增长，全面提高人口素质，建立完善的优生优育体系和社会保障体系，基本实现人人享有社会保障的目标；社会就业比较充分；公共服务水平大幅度提高；防灾减灾能力全面提高，灾害损失明显降低。加强职业技能培训，提高劳动者素质，建立健全国家职业资格证书制度。

合理开发和集约高效利用资源，不断提高资源承载能力，建成资源可持续利用的保障体系和重要资源战略储备安全体系。

全国大部分地区环境质量明显改善，基本遏制生态恶化的趋势，重点地区的生态功能和生物多样性得到基本恢复，农田污染状况得到根本改善。

形成健全的可持续发展法律、法规体系；完善可持续发展的信息共享和决策咨询服务体系；全面提高政府的科学决策和综合协调能力；大幅度提高社会公众参与可持续发展的程度；参与国际社会可持续发展领域合作的能力明显提高。

1.2 制约可持续发展的若干因素

1.2.1 经济发展迅速，道德建设滞后

党的十一届三中全会以来，党中央提出一系列“两手抓，两手都要硬”的战略方针，包括：一手抓改革开放，一手抓打击犯罪；一手抓经济建设，一手抓民主法制；一手抓改革开放，一手抓惩治腐败；一手抓物质文明，一手抓精神文明。在这一系列“两手抓”的方针中，关键是一手抓物质文明，一手抓精神文明，其实质是协调两个文明建设的关系。坚持两手抓，两手都要硬，成为有中国特色社会主义现代化建

设的一个根本方针。党中央多次强调:坚持社会主义物质文明和精神文明一起抓,是我们的基本方针。绝不能一手硬一手软,也不能一段时间硬,一段时间软。党的十六大提出"坚持物质文明和精神文明两手抓,实行依法治国和以德治国相结合",进一步丰富了"两手抓"的内容和含义。但是在实际工作当中,中国目前是经济发展成绩显著,道德建设水平滞后。

(1)中国经济建设取得的成就

新中国成立60多年来,特别是改革开放以来,中国从一个积贫积弱、百废待兴的国家逐步发展成为全球制造业大国、世界经济增长的重要推动力之一,经济建设成就举世瞩目。

1978年我国国内生产总值(GDP)为3624.1亿元人民币,2010年为399759.5亿元人民币,2014年为636463亿元人民币。在1978至2005年20多年间我国GDP年均增长速度为10%左右,其他一些国家GDP年平均增长率为:美国2.7%,加拿大2.6%,日本3.3%,印度5.2%,法国2.1%,英国2.2%。对比后可以看出,我国的国内生产总值增长速度远远高于世界上一些经济发达国家,如图1-1所示。2005年中国的GDP总量超过法国,成为世界第五大经济体,2006年中国的GDP总量超过英国,成为世界第四大经济体,2007年中国的GDP总量超过德国,成为世界第三大经济体,2010年中国的GDP总量超过日本,成为世界第二大经济体。中国与美国的GDP总量差距也在逐渐缩小,如表1-1所示。中国人均国内生产总值的增长速度也远远高于其他国家。1980年我国人均GDP为379元人民币,2001年为7543元,2014年人均GDP增长到了46531元人民币。

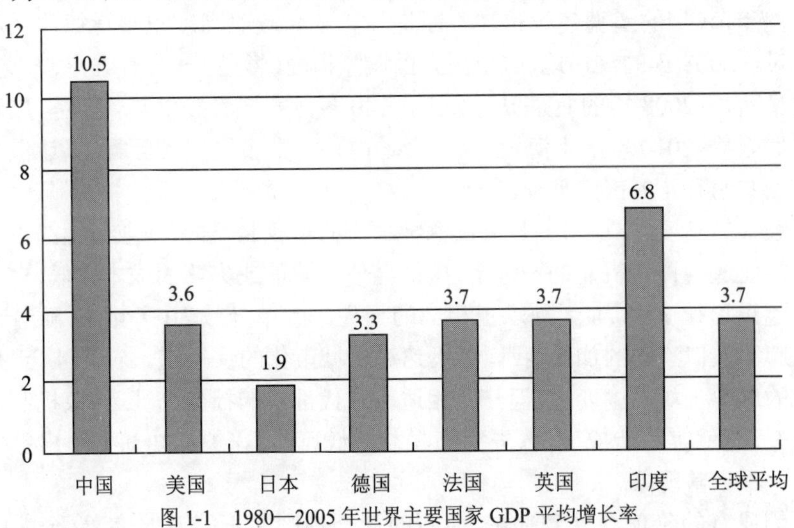

图1-1 1980—2005年世界主要国家GDP平均增长率

世界各主要国家 GDP 比较

表 1-1

国家	GDP（亿美元）		2013 年末人口（亿）	2013 年人均 GDP（美元）
	2010 年	2013 年		
美国	146241.84	161979.6	3.15	52251.48
中国	57451.33	90386.6	13.6	6952.82
日本	53908.97	59973.2	1.2	49977.67
德国	33058.98	33733.3	0.9	37481.44
法国	25554.39	25656.2	0.9	28506.89

中国经济结构优化显著。1978—2012 年，三次产业年平均增长速度分别为 5%、12%、10.6%，占 GDP 的比重也由 28.1∶48.2∶23.7 变为 10.1∶45.3∶44.6。尽管我国三次产业结构与发达国家相比还不尽合理，但是三次产业的增长速度却显著高于它们。

（2）道德建设跟不上经济发展的步伐

中华民族历来是一个特别注重道德力量的民族，愚公移山矢志不移、苏武牧羊不辱使命、包公断案铁面无私、岳母刺字精忠报国等，每一个道德榜样都有着无穷的感召力。新中国成立以来，党和政府也从未放松道德建设，雷锋、王进喜、焦裕禄、钱学森、赖宁等，每一位模范都曾激起亿万国人的道德热情。

中国政府在 2001 年，正式颁布实施《公民道德建设实施纲要》，不断把社会主义核心价值体系融入国民教育、思想道德建设和群众性精神文明创建活动的全过程。这些年，我们的道德建设也在不断进步。党和政府高度重视道德体系和诚信体系建设，2008 年的汶川地震，全国人民慷慨捐助，彰显“一方有难，八方支援”的人道主义精神；2008 年的北京奥运会上，140 多万志愿者提供热情服务，展现首都群众文明素养；2010 年的上海世博会，会场内外无数市民用实际行动，让世界再次深刻感受文明有礼的国人形象。

从经济的角度看，道德就是通过牺牲眼前的小我利益，来换取长远的更大的社会利益。但道德评价机制的不健全，可能会使不诚信或失德的成本太低，一些人可以轻松越过道德底线，而无须承担相应的损失。改革开放 30 多年来，随着市场经济的兴起和人口流动的加快，我国正迅速进入城市化的快车道。农耕社会“仁义礼智信”的道德土壤发生变化，但与此相适应现代都市的社会公德、约束机制还没有建立起来，这就容易造成失信、失德高收益却低风险，守护良知却要付出更大的成本等各种不正常现象。

人们原有的价值观受到冲击，而新的社会规则又不能及时完善，个人的道德焦虑也因此转变成社会性议题。道德焦虑有两个指向，一是道德滑坡，人人但求自保，出现普遍的社会冷漠；另外就是在新社会环境下，全社会期盼建立新的道德约束和评判机制，重建社会公德良序。

但是最近几年，关于道德的负面新闻（郭美美事件、2006 年南京彭宇案、奶粉行业的三聚氰胺事件、“毒胶囊” 事件、明星吸毒事件等）频频见诸报端，道德失范、诚信缺失现象时有发生，良知的底线不断被侵蚀。这不一定是道德出现了滑坡，而是公众对道德的感知发生了变化。在面对新的道德现象时，人们普遍感到缺少确切的判断标准，和以往的道德标准相比，产生了世风日下的感觉。

1.2.2 高投资低消费，过度依赖投资

消费、投资、出口是拉动经济增长的三驾马车。完整意义上的“三驾马车”是指用支出法核算国内生产总值（GDP）中的最终消费支出、资本形成总额及货物和服务净出口。最终消费支出指常住单位为满足物质、文化和精神生活的需要，从本国经济领土和国外购买的货物和服务的支出，包括居民消费和政府消费。资本形成总额指常住单位在一定时期内获得减去处置的固定资产和存货的净额，包括固定资本形成总额和存货增加两部分。货物和服务净出口指货物和服务出口减货物和服务进口的差额。

近 10 年我国消费在 GDP 中的比重在 50%左右，投资所占百分比略低于消费占比，除特殊年份外，二者对于 GDP 增长的贡献也比较接近。净出口在 GDP 中所占份额较低。详细数据见表 1-2。

2004—2013 年支出法 GDP 构成　　表 1-2

年份	支出法生产总值（亿元）	构成（亿元）			构成（百分比）		
		消费	投资	净出口	消费	投资	净出口
2004	160956.59	87552.58	69168.41	4235.60	54.4%	43.0%	2.6%
2005	187423.42	99357.54	77856.82	10209.05	53.0%	41.5%	5.4%
2006	222712.53	113103.85	92954.08	16654.60	50.8%	41.7%	7.5%
2007	266599.17	132232.87	110943.25	23423.06	49.6%	41.6%	8.8%
2008	315974.57	153422.49	138325.30	24226.77	48.6%	43.8%	7.7%
2009	348775.07	169274.80	164463.22	15037.04	48.5%	47.2%	4.3%
2010	402816.47	194114.96	193603.91	15097.60	48.2%	48.1%	3.7%
2011	472619.17	232111.55	228344.28	12163.34	49.1%	48.3%	2.6%
2012	529399.20	261993.60	252773.24	14632.38	49.5%	47.7%	2.8%
2013	586673.00	292165.60	280356.10	14151.30	49.8%	47.8%	2.4%

从所占经济总量的比重来看，我国的投资一直保持在较高的水平，且呈现出上升的趋势。消费一直保持平稳增长，是GDP增长的主导因素之一，但相对于国外较高的消费对GDP的贡献率，我国消费贡献率仍然较低。国际上大多数国家的GDP都以消费为支柱，消费要素所占的贡献率远大于其他要素。2012年全球平均最终消费率接近85%，而我国只有49.5%，相差巨大。

近年来，对于我国消费、投资、出口比例问题存在许多争议，投资依赖、出口依赖等词语经常被提及。根据相关统计，中国2011—2013年消耗水泥量为66亿t，美国1901—2000年总的水泥消耗量是45亿t，中国三年消耗的水泥量超过美国在整个20世纪的水泥消耗量。高投资是我国GDP快速增长的主要驱动力，由于目前我国人均GDP处于较低水平，我国仍需保持较高的经济增长速度。从短期看，消费是一个慢变量，高投资、低消费的经济模式仍将持续，这符合我国现阶段经济发展的需要。但是，我们一定要认识到消费才是投资的根本目的，是拉动经济增长的最终动力。应当看到，低成本扩张时代的终结、人口红利的递减等多方面的趋势是不可逆转的，长期以投资为驱动力的增长也是不可持续的。没有消费需求支撑的投资在保短期增长的同时，会给中长期的经济增长制造更多障碍，积累更多结构性矛盾，例如产业结构扭曲、投资边际效益下降、生产过剩的危机等。

1.2.3 资金构成多元来源不可持续

政府固定资产投资资金的主要来源包括：税收、银行贷款、发行货币和土地收入。但这四个方面的资金来源均具有不可持续性。

1）税收

税收是政府为了满足社会公共需求，凭借政治权利，强制、无偿地取得财政收入的一种形式。国家要行使职能必须有一定的财政收入作为保障，取得财政收入的手段有征税、发行货币、发行国债、收费罚没等，其中税收是大部分国家取得财政收入的主要形式。2004—2013年，我国税收占财政收入比例呈逐年下降趋势，如图1-2所示，由2004年的91.55%，下降至2013年的85.54%。财政收入增长率波动较大，但整体高于GDP增长率。

税收的本质是一种分配关系，是国家参与社会产品价值分配的法定形式。有学者认为用交换能说明政府和纳税人之间的关系，即国家依据符合宪法的税收法律对公民和法人行使一种请求权，体现的关系类似公法上的债权债务关系，即政府依据税法拥有公民和法人某些财产或收入的债权，公民或法人则对政府承担了债务，这种债务即为税收。国家行使请求权的同时，负有向纳税人提供告知有效的公共产品的义务；纳税人享受政府提供的公共产品的同时，有依法纳税的义务。在这种等价交换中，体现了国家和纳税人之间的对等和平等。

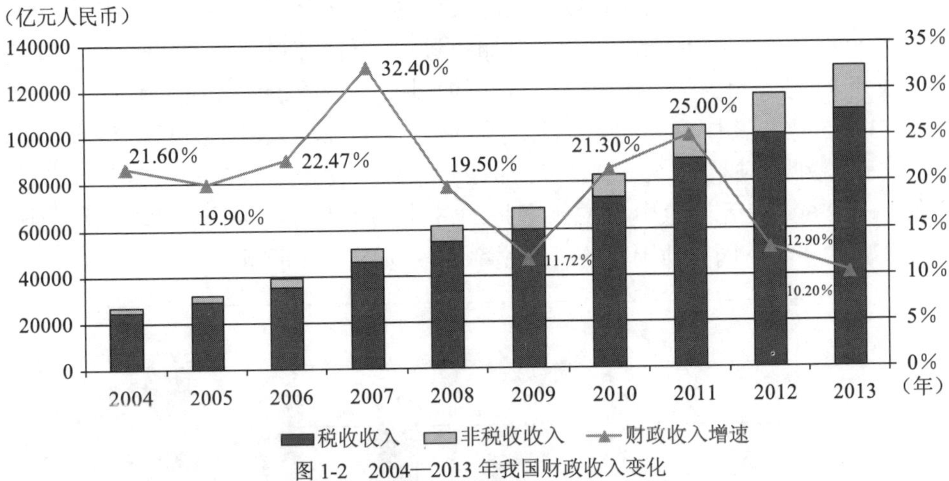

图 1-2　2004—2013 年我国财政收入变化

税收的来源包括直接税和间接税。在我国，直接税主要包括企业所得税、个人所得税、土地增值税和房产税等少量的财产税，间接税主要包括营业税、增值税和消费税。我国直接税比例大致为 1/3，间接税为 2/3。2012 年中国房地产销售额为 6.4 万亿元人民币，其中政府税收（包括银行房贷收入）共 4.79 万亿元人民币，约占整个销售额的 75%，如表 1-3 所示。经济学理论分析表明，由于税收的存在而引起的个人福利损失的承担者并不一定是法律规定负有义务向政府交纳税款的人。比如对原油提炼征收资源税，法定负担人是提炼的企业，但是经济负担可能是最终的消费者，企业可以通过提高产品的价格，向前转移税收使得产品的最终消费者承担税负。

2012 年房地产销售与政府税收　　表 1-3

2012 年房地产销售额			6.4 万亿元
政府银行收入	缴纳契税	2874 亿元	4.79 万亿元（75%）
	房产税	1372 亿元	
	营业税	4051 亿元	
	土地增值税	2719 亿元	
	银行房贷收入	8400 亿元	
	土地收入	28517 亿元	

2014 年 11 月 28 日至 2015 年 1 月 13 日，财政部、国家税务总局三次发布通

知调整成品油消费税，其中汽油等消费税单位税额由1元/升提高到1.52元/升。以上海2015年1月92号汽油6.05元定价来算，去掉17%增值税后油价5.17元/升，其税率为46.18%；如果是进口石油再加上进口关税，其税率为50.36%。美国弗吉尼亚州87号（相当于上海92号）汽油的平均价格为每加仑2.621美元［1加仑（美）=3.785升］，其中联邦税部分是每加仑18.4美分，弗吉尼亚州税每加仑11.1美分，其他税收每加仑0.6美分，三项加在一起总税收为每加仑30.1美分，所以税在每加仑2.621美元油价中占的比率是11.5%。同号汽油，中国税金接近美国弗吉尼亚州的4倍。同其他国家的石油税率比较，如图1-3所示。

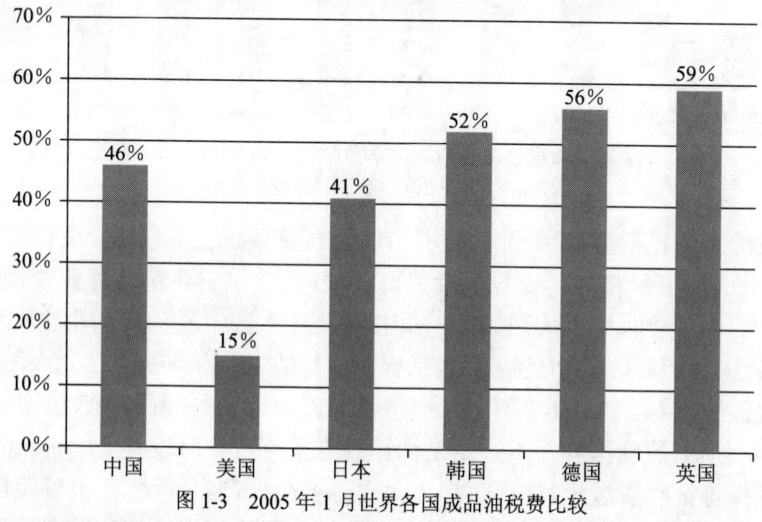

图1-3 2005年1月世界各国成品油税费比较

税收的宗旨是“取之于民，用之于民”，换句话说是“劫富济贫”。但是由于我国与国外发达国家不同的税制使得我国中低收入民众的实际税负比富人更高。我国的税收中以增值税等间接税为主，这些税收并不区别每个消费者的实际收入状况和负担能力，而这些税收大多来自消费者购买衣食住行等生活必需品时所缴纳的税收。国际货币基金组织（IMF）2007年的报告称，中国商品中所含的税比任何一个发达国家都高，是美国的4.17倍，是日本的3.76倍，是欧盟的2.33倍。加之我国税收法律体系尚未完善，缺乏税收基本法和一系列配套的单行税收法律，例如增值税、消费税等税种的征收依据为国务院颁布的暂行条例，这些暂行条例属于行政法规，不是法律，征收的合法性受到质疑。

2）银行贷款

政府固定资产投资的资金来源之一是从商业银行贷款，这种资金来源渠道同样不可持续。有些地方政府官员为了保持GDP高速发展，地方政府要维持GDP

高速发展，在目前发展模式下，固定资产投资仍然是不二法门。为了大规模进行基础设施建设，政府需要大量的资金投入，这些资金投入单靠财政收入是不够的，所以地方政府会以每年的财政收入做抵押，然后从商业银行贷款，进行固定资产投资，从以后的财政收入中分若干期逐年还款，这就是所谓的“寅吃卯粮”。如果每届地方政府都按这个模式操作，若干年后，固定资产投资项目枯竭，没有项目可投资的时候，会造成严重后果：一是会使依赖固定资产投资的GDP高速发展模式崩溃，GDP增长停滞；二是最后一届政府只有还银行贷款的份，而且是若干届政府遗留下来的数额巨大的贷款，很容易会造成银行坏账或呆账。所以，这种以依靠贷款来进行固定资产投资使GDP高速发展的“寅吃卯粮”模式是不可持续的。

3）发行货币

货币政策是指政府或中央银行为影响经济活动所采取的措施，尤指控制货币供给以及调控利率的各项措施，是宏观调控经济手段之一，另一经济手段为财政政策。

M2/GDP是广义货币与国内生产总值的比值，是度量一国经济货币化水平的指标。我国将货币供应量划分为三个层次：一是流通中现金M0，即在银行体系外流通的现金；二是狭义货币供应量M1，即M0加上活期存款；三是广义货币供应量M2，即M1加上企事业单位定期存款、居民储蓄存款、信托类存款和其他存款。M2/GDP的值越大，表示一国经济的货币化程度越高，生产每单位GDP所需的货币量也越多。图1-4为我国2004—2013年M2/GDP趋势图。

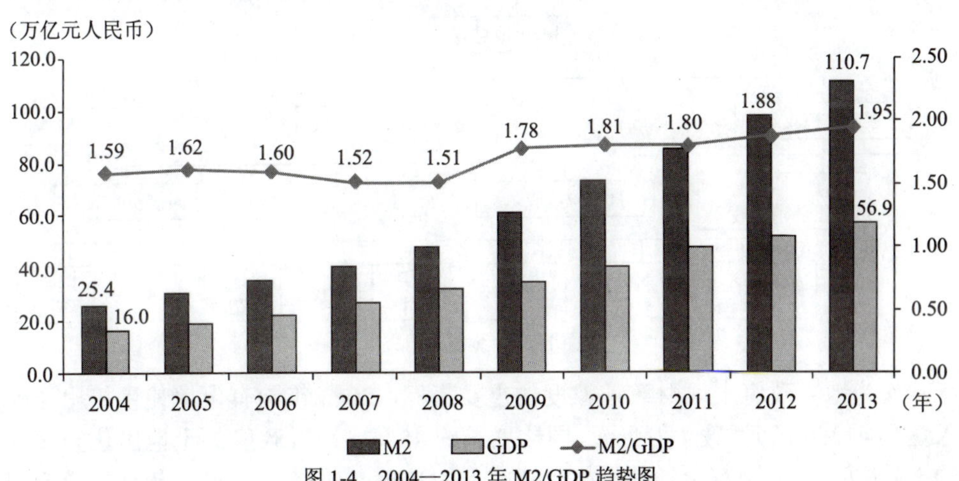

图1-4 2004—2013年M2/GDP趋势图

2004—2013年我国M2与GDP的比值整体呈上升趋势，最低点2008年比值为1.51，最高点2013年已达到1.95。据统计，近年美国M2/GDP比值也呈上升趋势，2003—2012 年由 0.74 上升至 0.899；日本 M2/GDP 比值高于我国，截至 2012 年已上升至 2.41。换句话说：2013 年，中国每发行 1.95 元货币能拉动 1 元 GDP；2012 年，美国每发行 0.74 美元，能拉动 1 美元的 GDP。

目前，我国货币是否超发在社会各界存在很大争议。争论的论点主要围绕我国 M2/GDP 水平是否过高展开。货币超发论一方认为我国 M2/GDP 比值过高，M2 增速高于 GDP 增速，货币超发已然成为事实，对国家经济发展、商品价格变动、居民收入、人民币汇率等产生了很多不利影响，是我国通货膨胀、房价过高等问题的主要原因之一；另一方则认为 M2 与 GDP 的比值不是判断一国货币是否超发的准确指标，我国 M2/GDP 比值升高的原因是经济货币化进程深化、金融市场不完善等原因造成的，仍在适度区间。

货币超发可能会引发货币贬值、通货膨胀等风险。研究显示，中国 1978 年的 15 万元的购买力与 2012 年的 100 万的购买力相当。因此，试图长期通过增加货币发行量来增加投资资金的做法，显然是不可持续的。

4）土地财政

（1）土地财政现状

土地财政是一个颇具中国特色的词语，随着国有土地使用权市场化应运而生。目前，对于土地财政还没有统一定义，一般情况下，土地财政是指现有土地及税收政策下，地方财政收支高度依赖土地所带来的土地出让金、相关产业税收以及土地抵押融资的一种现象，土地财政有“第二财政”之称，如图 1-5 所示。

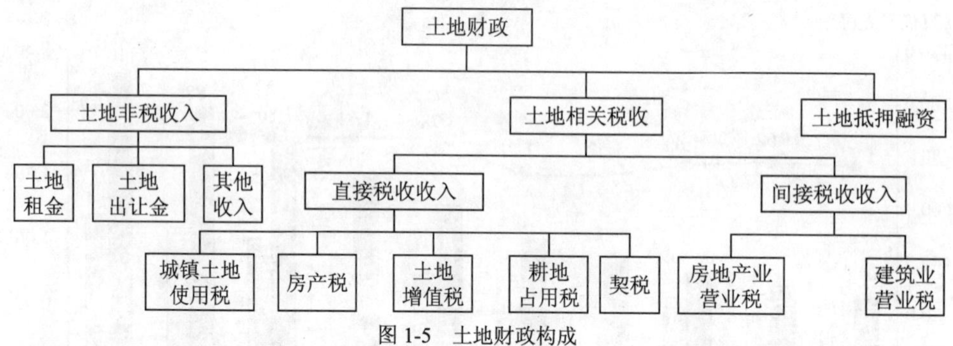

图 1-5　土地财政构成

作为地方政府土地财政依赖度的重要指标，2013 年国有土地使用权出让收入达到 41266 亿元，破 4 万亿元，同比增长约 45%。地方政府的土地出让金收入约 3.9 万亿元，占国有土地使用权出让收入的 95%。据统计，2013 年地方政府国有土地使用权收入占地方财政收入比例达 35.75%，若算上当年与土地及房产相关的 5 种税收，这一比例将达到 46%，如图 1-6 所示。

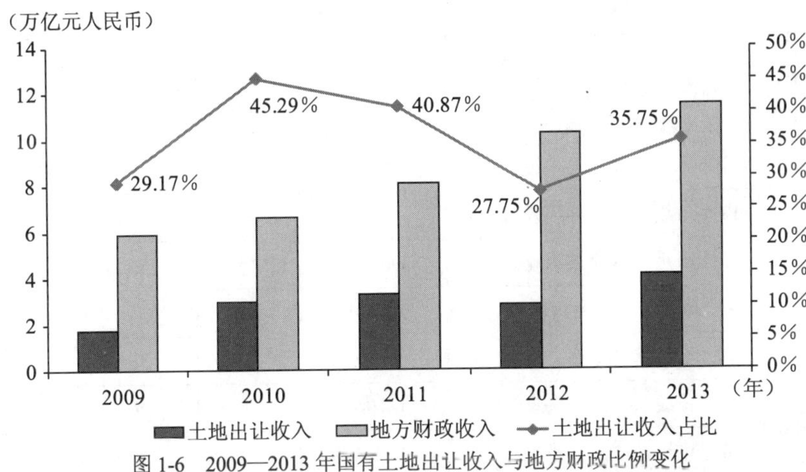

图1-6 2009—2013年国有土地出让收入与地方财政比例变化

2014年4月，《中国经济周刊》与中国经济研究院联合发布了23个省份“土地财政依赖度”排名报告。根据23个省级政府审计部门的公开审计报告及其相关数据，以“土地偿债在政府负有偿还责任债务中占比”为量化指标，对各省对土地财政的依赖度进行排名，详情见表1-4。

23个省份“土地财政依赖度”排名（数据截至2012年底） 表1-4

省份	统计口径（承诺以土地出让收入为偿债来源的各级政府）	土地偿债规模（亿元）	土地偿债规模排名	土地偿债在政府负责偿还责任债务中占比	占比排名
浙江	省、市、县政府	2739.44	2	66.27%	1
天津	市政府	1401.85	10	64.56%	2
福建	省本级、8个市本级、67个县级政府	1065.09	11	57.13%	3
海南	省级、2个市级、12个县级政府	519.54	20	56.74%	4
重庆	市本级、36个区县政府	1659.81	8	50.89%	5
北京	市本级、14个区县政府	3601.27	1	50%～60%	6
江西	11个市级、90个县级政府	1022.06	12	46.72%	7
上海	市级和16个区县	2222.65	3	44.06%	8
湖北	13个市级、72个县级政府	1762.17	6	42.99%	9
四川	18个市级、111个县级政府	2125.65	4	40%	10
辽宁	13个市级、49个县级政府	1983.2	5	38.91%	11
广西	自治区、市、县	739.4	16	38.09%	12

续上表

省份	统计口径（承诺以土地出让收入为偿债来源的各级政府）	土地偿债规模（亿元）	土地偿债规模排名	土地偿债在政府负责偿还责任债务中占比	占比排名
山东	14个市本级、81个县本级政府	1437.34	9	37.84%	13
江苏	13个市级、73个县级政府	—	—	37.48%	14
安徽	16个市级、78个县级政府	901.99	14	36.21%	15
黑龙江	8个市级、18个县级政府	652.88	17	36.01%	16
湖南	14个市级、96个县级	942.42	13	30.87%	17
广东	19个市级、63个县级政府	1670.95	7	26.99%	18
陕西	10个市级、32个县级政府	631.86	18	26.73%	19
吉林	6个市级、18个县级政府	586.16	19	22.99%	20
甘肃	10个市级、28个县级政府	206.54	22	22.40%	21
河北	11个市级、59个县级政府	795.52	15	22.13%	22
山西	6个市级、10个县级政府	268.94	21	20.67%	23

注：江苏没有公布土地偿债规模数字；北京没有公布比例数字及可供测算的数据，表中数据为估值；四川测算占比的分母为“市县两级政府负有偿还责任债务余额”；其他省份测算的分母为“省市县三级政府负有偿还责任债务余额”。

数据来源：各省份审计部门审计工作公告。

制表：中国经济研究院。

（2）土地财政不可持续

从短期来看，土地财政对地方经济增长、城市建设等做出了很大贡献。但从可持续发展角度来看还存在许多问题。

①土地资源是有限的，合理利用土地、保护耕地是我国一项长期的基本国策。2006年3月，在十届全国人大四次会议上通过的《国民经济和社会发展第十一个五年规划纲要》提出，18亿亩耕地是一个具有法律效力的约束性指标，是不可逾越的一道红线。国家卫生和计划生育委员会曾预计2033年前后我国人口达到高峰值15亿左右，因此为保障国家粮食安全，必须保有一定数量的耕地。《2014中国国土资源公报》显示，2013年中国耕地保有量为20.27亿亩，2009年以来连续四年耕地保有量超20亿亩，如图1-7所示。

②征地补偿方式和收益分配不合理，造成了农民利益受损和民怨增加。我国法定的征地补偿标准远低于土地市场价格，地方政府用极低的征地补偿费将土地

征收，再以高出补偿费用几倍甚至几十倍的价格出让土地。失地的集体组织和农民不能从城镇化的增值收益中获利，由此引起的社会矛盾不断积累与增加。

a）全国耕地面积保有量

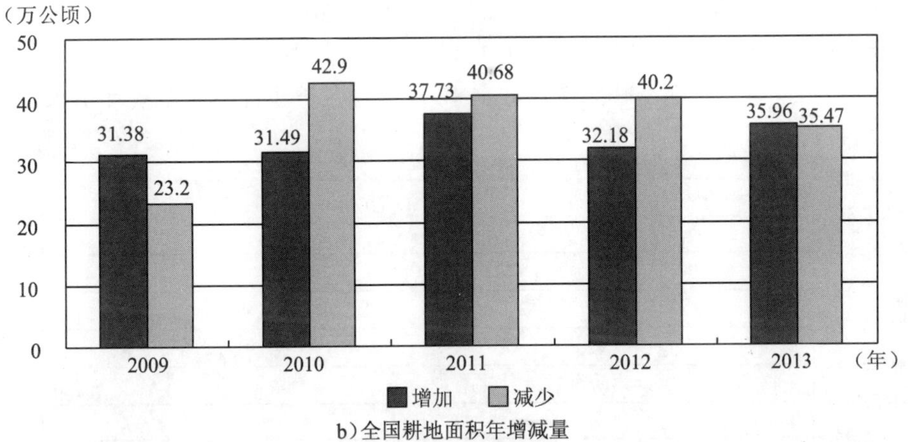

b）全国耕地面积年增减量

图1-7 2009—2013年全国耕地变化情况

③土地财政抬高了城市房价。地方政府在土地一级市场处于垄断地位，过高的土地出让价格，提高了房地产开发商的开发成本。此外房地产开发与交易阶段的税费较高，最终这些税费和土地出让金将全部转嫁到消费者身上，降低了消费者的购买能力。另外，土地财政加大了地方经济对房地产市场波动的敏感性，当房地产市场出现下滑时，对地方经济造成多方面的负面影响。

④过度开发，违背代际公平。由于受到行政任期的约束和压力，地方政府很有可能是短视的，即“为了投资而投资”，可能因为过度建设、重复建设等低效投资而造成资源浪费。

1.2.4 贫富分化较大，效率公平矛盾

(1)贫富分化

根据世界银行2010年的报告，美国5%的人口掌握了60%的财富。而中国1%的家庭掌握了41.4%的财富，财富集中度远远超过了美国，成为全球两极分化最严重的国家之一。

基尼系数(Gini Coefficient)，是20世纪初意大利经济学家基尼，根据劳伦茨曲线所定义的判断收入分配公平程度的指标。基尼系数是比例数值，是国际上用来综合考察居民内部收入分配差异状况的一个重要分析指标，在0和1之间。越接近0就表明收入分配越是趋向平等，反之，越接近1收入分配越是趋向不平等。按照国际一般标准，0.4以上的基尼系数表示收入差距较大，基尼系数达到0.6以上，则表示收入差距很大。通常把0.4作为贫富差距的"警戒线"，一般发达国家的基尼指数在0.24到0.36之间。从国家统计局公布的官方数据来看，2003—2013年期间，我国居民基尼系数最低值为0.473，最高值为2008年的0.491，均超出0.4的警戒线，表明我国贫富分化严重，如图1-8所示。需要强调的是，高收入阶层的"灰色收入"并没有真实地反映到统计数据中，如果这部分也能真实地统计出来，实际的基尼系数会更大。

图1-8 2003—2014年全国居民基尼系数

(2)效率与公平

任何一个社会、任何一个国家的发展都是在效率与公平两个砝码之间寻找平衡点。从哲学意义上来讲，效率与公平是一对辩证统一的关系：效率是公平的基础，公平对效率有反作用力。

从改革开放之初提出"一部分人先富起来"，到1993年正式将"效率优先，兼顾公平"作为收入分配原则，都表明了发展经济要把效率放在第一位，效率优先于

公平的含义。效率优先的原则有效推动了我国经济发展，但发展进行到一定程度——效率与公平失衡时，公平对于效率的反作用就会显现出来。这一反作用体现在多方面，如贫富差距扩大、收入分配失衡、城乡差别扩大、区域不平衡加剧、阶层差距扩大、行业差别扩展、环境污染严重和社会不公加剧等。

1.2.5 建设重面轻里，城市问题凸现

城镇化是现代化的必由之路，是实现经济可持续发展的引擎。一是城镇化可以引发消费需求，提高消费水平；二是城镇化可以刺激投资需求，扩大民间投资；三是城镇化能促进传统的农村生产方式、增长方式和产业结构高度化；四是城镇化有利于实现安居乐业市民梦，培育创业者和新型农民；五是城镇化有利于消除二元结构，统筹城乡发展。

2014 年 3 月 16 日，新华社发布的《国家新型城镇化规划（2014—2020 年）》，按照走中国特色新型城镇化道路、全面提高城镇化质量的新要求，明确未来城镇化的发展路径、主要目标和战略任务，统筹相关领域制度和政策创新，是指导全国城镇化健康发展的宏观性、战略性、基础性规划。1978—2013 年，城镇常住人口从 1.7 亿人增加到 7.3 亿人，城镇化率从 17.9%提升到 53.7%，年均提高 1.02 个百分点；城市数量从 193 个增加到 658 个，建制镇数量从 2173 个增加到 20113 个。城镇化健康有序发展，2020 年常住人口城镇化率达到 60%左右是《国家新型城镇化规划（2014—2020 年）》制定的发展目标之一。

然而，由于缺少统一、科学的规划，城镇化与可持续发展之间也存在冲突。如土地城镇化快于人口城镇化，建设用地粗放低效；城镇空间分布和规模结构不合理，与资源环境承载能力不匹配；体制机制不健全，阻碍了城镇化健康发展等。城市建设大踏步前进，但建设项目重表面、轻内涵，城市问题日益凸显，不断刷新的摩天大楼的高度、“马路拉链”、城市内涝等时常成为大众关注的焦点问题。

（1）城市建筑求高求奇

美国非营利组织高层建筑与城市住宅委员会最新发布的统计报告显示，2014 年全球共有 97 栋高 200m 或 200m 以上的摩天大楼竣工。其中，中国共有 58 栋高楼完工，约占全球总数的 60%，相比 2013 年 36 栋完工的记录，增长了 61%，中国连续 7 年成为竣工高楼数量最多的国家。图 1-9 为我国超高建筑的例子。

除超高建筑外，我国也搞了一些“奇奇怪怪的建筑”。我国造型奇特的建筑，如图 1-10 所示。

层出不穷的超高建筑与奇怪建筑鲜明地反映出中国长期以来，缺乏统一、科学的市政规划。标志性建筑往往被视为领导者在任一方的政绩，很多时候地方政府

部门管理者权力参与,导致建筑理念畸形,背离了地标性建筑存在的初衷。这些超高建筑或造型奇特的建筑往往存在一些共同的特点:超常的安全设计、复杂的结构设计,材料消耗过高、能源消耗过度,与当地自然环境、气候条件不契合,与当地文化、城市整体布局格格不入。另外,部分中小城市建设盲目跟风大城市,城市建筑与当地经济与社会发展水平不符,与科学发展的理念背道而驰。城市建设应该将大量的资金用于改善普通市民的居住条件,在补齐城市建设的"短板"方面雪中送炭。

a)深圳平安国际金融中心

b)上海中心大厦

图 1-9 我国的超高建筑

a)苏州"大秋裤"

b)北京"大裤衩"

图 1-10 我国造型奇特的建筑

(2)"马路拉链"现象

地下管线是城市基础设施的重要组成部分,是城市赖以生存和发展的生命线。

随着城市的发展，地下管线日趋繁复。我国地下管线大都采用直埋方式，且多数都在城市道路下面，分别由几十个机构建设和管理。城市管线不断扩容，修筑与连接用户频率增加，造成道路不断重复开挖修补，被人们戏称为“马路拉链”。“马路拉链”不仅造成经济上极大的浪费、道路交通阻塞，还常常伴随挖断管线造成的停水、停电、通信中断等后果，给人们的日常生活造成极大不便。

在城市新区建设共同沟是解决“马路拉链”问题的重要途径。共同沟是在地下建造的集电力、通信、燃气、上水等各种市政管线于一体，同时设置专门的检修口、吊装口和监测控制系统的市政管线隧道，在我国又称市政综合管廊或综合管沟。

共同沟（图1-11）具有显著的优点：它便于城市管网统一规划、设计、建设和管理；能够更有效地利用城市地下空间、节约资源，避免道路重复“开膛破肚”，减少事故发生，延长管线寿命；社会综合成本低；能够抵御冲击荷载，具有防灾性能。

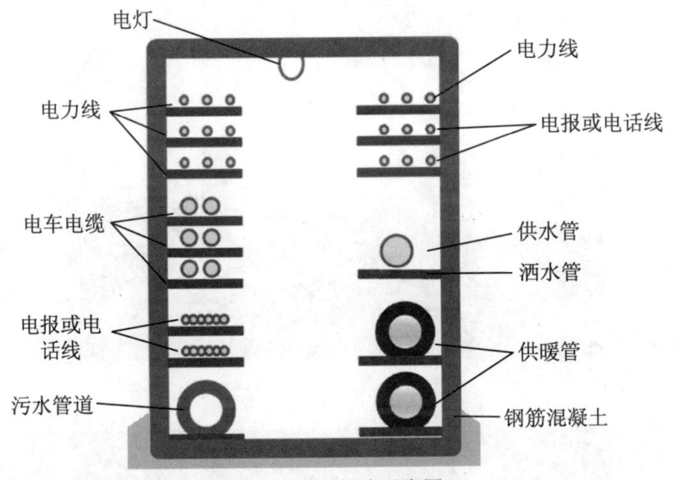

图1-11 共同沟示意图

然而共同沟建设在我国尚处于探索阶段，缺乏相应的配套政策，往往是“九龙治水”，最终却是群龙无首。并且共同沟建设一次性投资巨大，在我国目前的政绩考核体制下，地方官员往往更热衷于搞看得见的政绩，而忽视了“埋在地下的政绩”。

（3）城市内涝频现

2011年住房和城乡建设部对全国351座城市进行了调研，结果表明，在2008—2010年3年间，62%的城市都曾发生过内涝，发生3次以上内涝的城市有137座。城市排水不畅，一下雨就“水漫金山”，屡次出现“海景”，不少城市逢雨必灾，内涝严重。2012年“7•21北京暴雨”造成79人死亡、10660间房屋倒塌、160.2万人受灾，经济损失达到116.4亿元。

虽然，极端天气是导致内涝的直接原因，但同时也暴露出我国城市自身抵抗暴雨设施的不完善。我国城市发展过程中针对城市暴雨缺乏科学而系统的规划，城市建设重地上、轻地下，这才是城市内涝的症结所在。

首先，排水系统设计标准低下是城市内涝的一个重要原因。《室外排水设计规范》（GB 50014—2006）要求我国城市排水系统设计重现期一般采用 0.5 ～ 3 年，实际设计中大都采用 1 年，而很多发达国家规定最低限制一般为 5 ～ 10 年。2014 年 2 月 10 日起，新修订的国家标准《室外排水设计规范》（GB 50014—2006）施行，提高了雨水管渠设计重现期：特大城市的中心城区为 3 ～ 5 年，大城市中心城区为 2 ～ 5 年，中等城市和小城市的中心城区为 2 ～ 3 年。然而，我国大多数城市排水系统已建立完善，设计标准提高后排水系统改造牵一发而动全身，投资巨大、实施困难。相反，按照较高排水标准设计的城市却很少出现内涝现象，如法国巴黎和中国青岛，如图 1-12 和图 1-13 所示。

图 1-12　青岛地下排水通道

图 1-13　国外某城市地下排水通道

其次，城市不透水地面比例增加也是造成城市内涝的客观原因之一。我国正处于经济快速发展时期，高楼大厦拔地而起，城市道路不断延长、拓宽，形成了巨大的不透水区域，伴随而来的是城市绿地面积不断被蚕食，不透水地面比例不断增加。原本部分可以自然渗透的雨水必须通过排水系统排出，大大增加了城市排水系统的负荷。

再次，排水系统雨污合流现象普遍存在、地面沉降日趋严重、相关部门与专业人士缺乏沟通与合作等也是城市内涝产生的客观原因。

目前，城市内涝问题已经引起了我国政府的高度重视。2013 年 3 月，国务院办公厅发布的《关于做好城市排水防涝设施建设工作的通知》中指出："2014 年底前，要在摸清现状基础上，编制完成城市排水防涝设施建设规划，力争用 5 年时间完成排水管网的雨污分流改造，用 10 年左右的时间，建成较为完善的城市排水防涝工程体系。"

1.2.6 能耗大污染大，产业需要升级

过去的 30 多年，中国通过摊大饼的方式，强有力的政府干预，实现了很多行业的"做大"，维持了经济的快速增长。这种粗放型发展也使我国经济可持续发展面临众多难题（图 1-14）。一方面，重化工业和城市化加速发展，对矿产、土地和水资源等自然资源的需求将进一步扩大，供求缺口日益凸现。另一方面，中国的环境承载能力原本就十分脆弱，近年来粗放型经济高速增长付出的环境代价已经相当高昂，如果不能进一步转变增长方式，整体环境质量还可能进一步恶化。

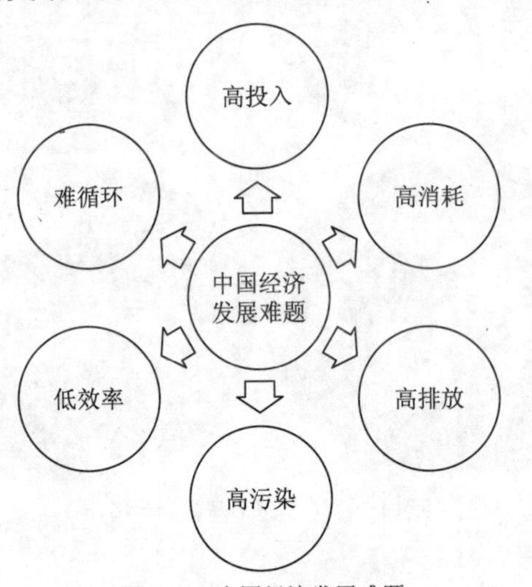

图 1-14 中国经济发展难题

1）能源消耗情况

我国传统能源存在总储量丰富、人均占有量低的特征。在能源利用方面，我国仍处于粗放型增长阶段，对能源的消耗量大，但能源利用率偏低。在我国每吨标准煤产出率相当于美国的29.6%，欧盟的16.8%，日本的10.3%。

此外，我国能源消耗存在极大的浪费现象，整体能源利用效率约31%，与世界先进水平52%的日本还有很大距离；我国能源开采效率仅为32%，折算下来我国能源系统总效率仅为10.3%，不到发达国家的一半。以此估算，我国目前能源浪费达每年2.8亿tce[1]，如不改变能源低效利用的现状，到2020年此项浪费将达每年4亿tce，同时多排放2.56亿t CO_2、多排放720万t SO_2，这样的环境污染是我国和国际社会都难以接受的。

2）环境污染情况

（1）太空环境

臭氧层是大气平流层中臭氧浓度最大处，是地球的一个保护层。臭氧层空洞是大气平流层中臭氧浓度大量减少的空域。从20世纪70年代开始，臭氧层空洞面积不断增加。在两极地区的部分季节，面积增加速度更快，而在春季时连对流层的臭氧也在减少，形成臭氧层空洞，如图1-15所示。

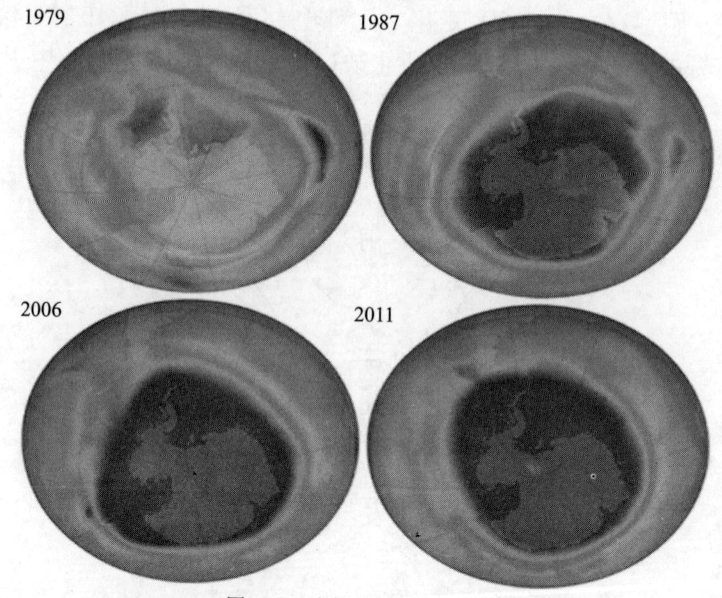

图1-15 南极臭氧层空洞变化

---

[1] tce=吨标准煤（ton of standard coal equivalent）。

因为臭氧层可以阻挡对生物有害的紫外线（波长为270～315nm）进入大气层，被消耗而稀薄甚至变成破洞的臭氧层会导致皮肤癌、白内障等疾病患者的增加，并造成一些生物品种如海洋浮游生物的灭绝。为了避免工业产品中的氟氯碳化物对地球臭氧层继续造成恶化及损害，1987年联合国邀请所属26个会员国签署蒙特利尔议定书，人类逐步削减了氯氟烃、含溴氟烃等消耗臭氧层物质的使用。虽然南极洲上空的臭氧空洞正在逐渐减小，但是目前的大小仍与北美洲相当。

目前N_2O这种温室气体已经成为人类排放的首要消耗臭氧层的物质。一项新研究表明，中国化工企业的N_2O排放量正在迅猛增长，除非采取有效的减排措施，否则到2020年，排放量将是目前的3倍，N_2O减排势在必行。

（2）大气环境

温室效应引发全球气候变暖，会导致全球降水量重新分配、冰川和冻土消融、海平面上升等，不但危害自然生态系统的平衡，而且威胁人类的生存。联合国政府间气候变化专门委员会（IPCC）在丹麦哥本哈根发布了IPCC第五次评估报告的综合报告，指出人类对气候系统的影响是明确的，而且这种影响在不断增强。根据水资源、极端气候事件、海平面上升、人体健康等这些指标判断，21世纪末要限制升温相对于工业化前水平不超过2℃，温室气体浓度不得超过450PPM❶。

海平面上升是全球气候变暖带来的主要危害之一。中国海岸带海拔高度普遍较低，海平面上升对沿岸地区最直接的影响是高水位时淹没范围扩大，此外还会引起风暴潮强度与频率增加、海水入侵加剧、水资源和水环境遭到破坏的可能性增加、防汛工程功能降低、洪涝灾害加剧等后果。若海平面上升1m，中国沿海2600万人要被迫移民；海平面上升2m，将被迫移民3000多万人。

在节能减排方面，我国做出了发展中大国应尽的责任。1998年5月，我国签署《京都议定书》，并于2002年8月核准了该议定书。2009年在哥本哈根世界气候大会上，中国政府郑重承诺：2020年单位GDP CO_2排放比2005年下降40%～45%。2014年11月，中国与美国联合发布《中美气候变化联合声明》，中国计划2030年左右CO_2排放达到峰值，且将努力早日达到峰值，并计划到2030年非化石能源占一次能源消费比重提高到20%左右。

人类活动将大量的工业废气、生活废气和烟尘等物质排放到大气中，当这些物质浓度达到影响人类的正常生存发展的程度，危害生物健康时，称为大气污染。

2013年“雾霾”成为年度关键词。这一年的1月，4次雾霾过程笼罩30个省市。北京仅有5天不是雾霾天。由于大雾阻碍大气污染物扩散，雾霾天气导致空

---

❶ PPM表示一百万份单位质量的溶液中所含溶质的质量。

气中污染物浓度迅速增高。事实上,气象因素只是雾霾天气发生的直接自然诱因。从本质上看,人为污染物排放才是城市大气严重污染的根本原因。雾霾引发关注的关键是因其会对人体呼吸道、心脏、皮肤等各器官造成危害,影响心理健康、提高致癌率、影响生殖能力,给人体健康造成极大威胁。

有报告显示,中国最大的500个城市中,只有不到1%的城市达到世界卫生组织推荐的空气质量标准。2005年,世界卫生组织发布的PM2.5浓度的限值标准为年均10μg/m³,日均25μg/m³。中国2011年底发布的《环境空气质量标准》(GB 3095—2012)中PM2.5浓度的限值为年均35μg/m³,日均75μg/m³。而中国2013年,京津冀细颗粒物(PM2.5)年均浓度75μg/m³,长三角细颗粒物(PM2.5)年均浓度56μg/m³,珠三角细颗粒物(PM2.5)年均浓度54μg/m³。图1-16为上海有无污染时的对比。

a)雾霾时

b)无雾霾时

图1-16 上海有无雾霾时的对比

(3)水环境

我国的“水”存在两大主要问题:一是水资源短缺,二是水污染严重。

环境统计数据、相关部门公报数据及相关研究显示,自1981年以来,我国废水排放总量呈增长的态势,2000年之后,呈快速增长的态势。全国废水排放量从2000年的415.2亿t增长到2012年的684.8亿t,并且中长期用水总量和废水排放量仍呈上升态势。《2013中国环境状况公报》显示,2013年全国地表水总体为轻度污染,部分城市河段污染较重。十大流域中,海河流域为重度污染,黄河、松花江、淮河、辽河为轻度污染。国家控制重点湖泊(水库)水质为优良、轻度污染、中度污染和重度污染的比例分别为60.7%、26.2%、1.6%和11.5%。湖泊(水库)富营养化问题也较为突出。

地下水水质污染状况严峻。根据《中国国土资源公报》、《中国环境状况公报》显示，2010—2013年，水质呈“较差”、“极差”的比例有提高的趋势，从55%提高到59%。2013年，地下水环境质量的监测点总数为4778个，其中国家级监测点800个。水质优良的监测点比例为10.4%，良好的监测点比例为26.9%，较好的监测点比例为3.1%，较差的监测点比例为43.9%，极差的监测点比例为15.7%。地表以下地层复杂，地下水流动极其缓慢，因此，地下水污染具有过程缓慢、不易发现和难以治理的特点。

1.2.7 小结

中国经济尽管取得了迅猛的发展，但仍存在许多不可持续发展的地方，如图1-17所示。

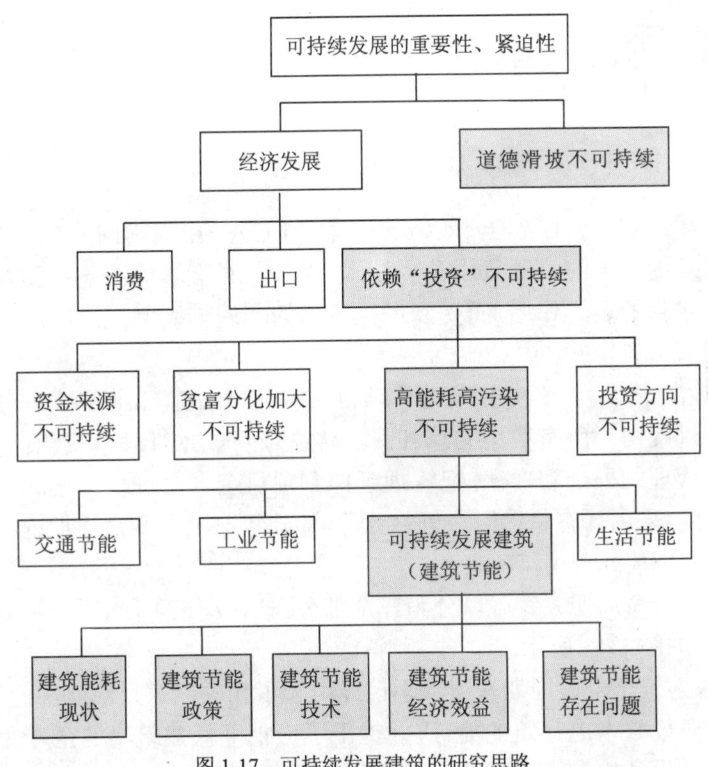

图1-17 可持续发展建筑的研究思路

有些问题已经非常突出，到了非解决不可的地步。有些问题可能还没有那么严峻，但正如《魏文王问扁鹊》故事中所讲，控制一件事情，事后控制不如事中控制，事中控制不如事前控制，等到事态发展到病入膏肓的时候再去治理，不仅要花费更大的代价，更长的时间，而且效果可能还不好。同样，中国可持续发展中的问题解决得越晚，中国付出的代价就会越大，人民受到的伤害也会越大，解决时面临的阻力也会更大。

中国经济发展过度依靠投资拉动，中国投资的现状是能耗高、污染大。为了给国民一个良好的宜居环境，节能减排是中国经济可持续发展的一个重大任务。节能减排可以从工业、建筑、交通和生活四大领域入手，其中建筑能耗约占我国全社会总能耗的30%，可持续发展建筑即节能建筑，对我国整体节能减排目标的实现意义重大。建筑节能虽然要增加建设项目的投资费用，但是从经济效益上来讲是划算的，这可以用建设项目全寿命周期投资最优的理念解释。

1.3 可持续发展建筑

1.3.1 建设项目全寿命周期投资最优的理念

全寿命周期费用（Life-Cycle Cost，简称 LCC）是由美国国防部于 20 世纪 60 年代提出并发展起来的一种费用分析技术，由于其对缓解能源危机和建设资源节约型社会所起到的重要作用，而受到世界各国的普遍重视并广泛应用于国民经济各领域的技术经济分析之中。

建设项目全寿命费用，是指从建设项目决策、设计、施工，直到允许使用年限拆除后的整个过程消耗所有费用的总和。与传统项目成本管理模式相比，它进一步拓展了成本管理的外延和内涵，把管理延伸到项目全寿命过程。它的计算均考虑资金时间价值，采用动态总费用法进行计算，即建筑产品全寿命周期内所发生的所有费用的费用现值或费用年值之和。

项目的全寿命周期大致可以分为三个部分：项目决策阶段、项目实施阶段和项目使用阶段，如图 1-18 所示。

在我国，建筑全寿命周期费用管理已经引起了相关专家及政府部门的重视，提倡从全寿命角度来考虑建筑的能耗，并提出了应把降低建筑物的全寿命周期费用作为建筑节能设计出发点。但这一理念尚未得到推广和深入人心，特别是在住宅项目建设方面。

在我国工业、建筑、交通和生活四大节能产业中，建筑节能被视为热度最高的领域，是减轻环境污染、改善城市环境质量的最直接、最廉价的措施。因此，降低建筑能耗是降低全国能源消耗总量、建设节能型社会的重要保障，而开发和建设节能建筑（住宅）又是降低建筑能耗的重要保障措施。由于住宅项目全寿命周期内所有权的转移，项目的投资方并非其最终的使用者，因而投资方在决策时通常只考虑到项目投资阶段及实施阶段的费用最小化、利润最大化，而忽视了其使用阶段的能源与费用消耗。

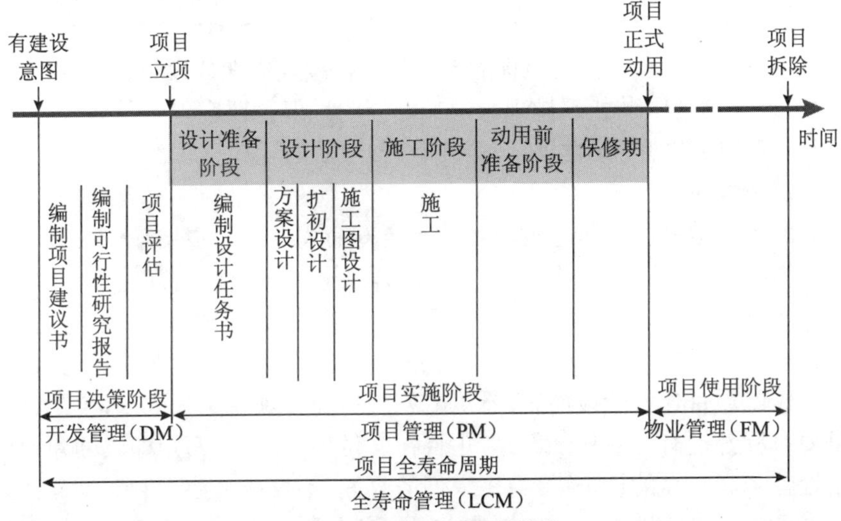

图1-18 项目全寿命周期构成

工程项目全寿命周期费用管理的目标是保证项目在决策、实施、运营的全寿命周期内的总费用最优化。从短期来看，考虑建筑全寿命周期费用投资的项目，其决策与实施阶段的成本往往比较高，但运行维护成本是长期的，初始投入增加可以使维护运行成本降低，从动态总费用考虑还是非常合理的。如表1-5所示，假设项目A按常规思路建设，决策、实施阶段投入1000万元人民币，使用阶段也投入1000万元人民币，总投资是2000万元人民币。如果建设项目B为了节能减排，在决策阶段、实施阶段使用了一些保温隔热性能好、环保的材料，投资可能为增加为1200万元，但是由于节能环保，会减少该项目使用阶段的采暖制冷的能耗的费用，其使用阶段可能只花费了700万元，全寿命周期的总投资为1900万元。而建设项目C为了节省决策阶段和实施阶段的投资，采用了不节能、不环保的材料，花费800万元，但是由于材料的节能、环保效果差，在整个使用期间可能增加了使用阶段的费用，达到了1300万元，全寿命周期的总投资为2100万元。从项目A、项目B和项目C的全寿命周期投资来看，项目B的投资模式节能、环保，投资最少，符合全寿命周期投资最优的理念。

建设项目全寿命周期投资最优的理念 表 1-5

建设项目	决策阶段、实施阶段投资（万元人民币）	使用阶段投资（万元人民币）	全寿命周期投资（万元人民币）	结论
A	1000	1000	2000	参照系
B	1200	700	1900	最优
C	800	1300	2100	最高

建设项目全寿命周期投资最优的理念是可持续发展在建设项目投资当中的应用，也是可持续发展中节能减排理念的最好证明。但是要实现中国建筑的节能减排，实现中国建筑的可持续发展，还需要政府政策扶持、民众了解建筑节能技术以及接受建筑节能观念。

著名的悉尼歌剧院工程建设项目就是全寿命周期内总费用最优的典型例子。该项目于 1959 年开工，预算为 700 万澳元，原计划用 4 年的时间完工。但实际在 1973 年才竣工，历时 15 年，并花费了原预算额 14 倍的金额修建而成，总造价达到了 10 亿澳元。该项目在建设阶段是备受批评的，即便是在交付使用的时候也并不被看好。仅就项目建设阶段而言，悉尼歌剧院的建设项目是失败的，工期、费用这两个重要目标都没有控制好。但是，项目在交付使用之后，两年即收回建设成本，得到了经营者和大众的认可，赢得了人们的喜爱，不仅成为澳大利亚的象征之一，也成为世界著名的景观之一。2013 年 10 月，澳大利亚德勤公司（Deloitte）称悉尼歌剧院价值 46 亿澳元（约合人民币 170 亿元），从建设项目全寿命周期角度来看，这个项目是十分成功的。悉尼歌剧院的建筑外观如图 1-19 所示。

图 1-19 澳大利亚悉尼歌剧院

1.3.2 绿色建筑与节能建筑

20世纪60年代初，产生了著名的“生态建筑”（绿色建筑）的新理念。20世纪70年代，建筑节能概念就被正式提出。1992年里约热内卢召开的联合国环境发展大会第一次明确提出“绿色建筑”的概念。如今绿色建筑和节能建筑成为建筑发展的必然趋势，虽然起步较晚，但由于政府大力倡导，绿色节能建筑在中国发展迅速。

（1）建筑节能概念

绿色建筑是指在建筑的全寿命周期内，最大限度地节约资源（节能、节地、节水、节材）、保护环境和减少污染，为人们提供健康、适用和高效的使用空间，与自然和谐共生的建筑。

建筑节能具体指在建筑物的规划、设计、新建（改建、扩建）、改造和使用过程中，执行节能标准，采用节能型的技术、工艺、设备、材料和产品，提高保温隔热性能和采暖供热、空调制冷制热系统效率，加强建筑物用能系统的运行管理，利用可再生能源，在保证室内热环境质量的前提下，增大室内外能量交换热阻，以减少供热系统、空调制冷制热、照明、热水供应等因大量热消耗而产生的能耗。

（2）建筑节能涵义

全面的建筑节能，是建筑全寿命周期中每一个环节节能的总和。它是指建筑在选址、规划、设计、建造和使用过程中，通过采用节能型的建筑材料、产品和设备，执行建筑节能标准，加强建筑物所使用的节能设备的运行管理，合理设计建筑围护结构的热工性能，提高采暖、制冷、照明、通风、给排水和管道系统的运行效率，以及利用可再生能源，在保证建筑物使用功能和室内热环境质量的前提下，降低建筑能源消耗，合理、有效地利用能源。全面的建筑节能是一项系统工程，必须由国家立法、政府主导，对建筑节能做出全面的、明确的政策规定，并由政府相关部门按照国家的节能政策，制定全面的建筑节能标准。要真正做到全面的建筑节能，还须在设计、施工、各级监督管理部门、开发商、运行管理部门、用户等各个环节，严格按照国家节能政策和节能标准的规定，全面贯彻执行各项节能措施，从而使每一位公民真正树立起全面的建筑节能观，将建筑节能真正落到实处。如图1-20与图1-21分别为21世纪建筑节能模式和日本老年公寓的节能措施。

（3）建筑节能实现途径

建筑节能主要是指民用建筑节能。民用建筑又分为居住建筑和公用建筑。建筑节能实现的途径有两条：

①对于新建建筑，直接使用绿色节能材料和节能技术以实现节能目标；

②对于旧建筑，通过节能改造实现节能目标。

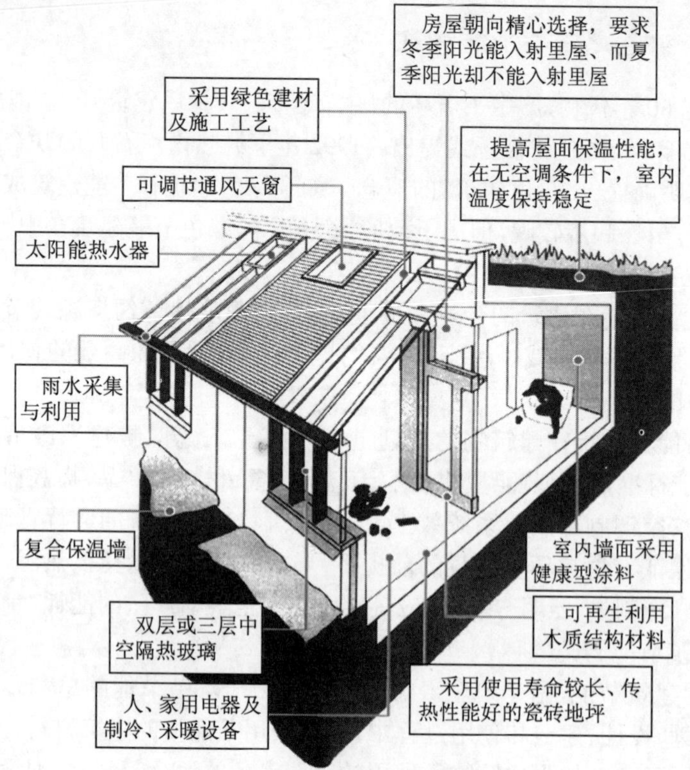

图 1-20　21 世纪建筑节能模式

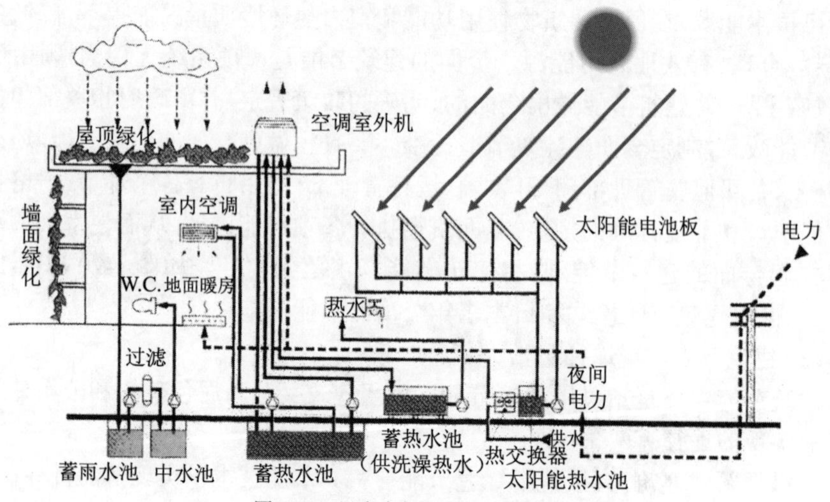

图 1-21　日本老年公寓的节能措施

思考与调研

1. 可持续发展的定义是什么？
2. 中国经济发展如何做到可持续？
3. 建设项目全寿命周期投资最优的理念是什么？
4. 近年来中国城市内涝频现，如何解决？
5. 试从全球、国家及个人三个方面进行阐述全球气候变暖的后果？
6. 调研你所熟悉的城市的经济发展现状（GDP构成，三次产业结构比例等）。
7. 调研你所熟悉的城市的环境污染情况（空气、水、土壤污染情况）。
8. 调研你家庭每年的温室气体（CO_2）排放情况并填写下表。

居民家庭每年温室气体排放表

项　目	用　量		转换系数	碳排量(kg)
年用电量		kW•h	0.785	
年用天然(煤)气量		m^3	0.19	
年用水量		m^3	0.91	
年用汽油量		L	2.7	
年集中供暖面积		m^2	47.65	
每年家庭温室气体(CO_2)排放合计				

第2章 | 中国建筑能耗现状及节能目标

要实现建筑的可持续发展，就必须节能减排，建筑节能减排可以通过对旧建筑的节能改造和新建绿色节能建筑来实现。梳理中国既有的500多亿m^2建筑的能耗总量、能耗分类、能耗组成及特点，认识中国建筑节能目标和标准，了解中国节能标准和国际发达国家的差距，对于我们认清形势，发展推广适合中国国情的绿色节能技术，实现中国建筑的可持续发展非常必要。

2.1　建筑能耗的概念和特点

2.1.1　建筑能耗的概念

建筑能耗有两种定义方法：广义建筑能耗是指从建筑材料制造、建筑施工，一直到建筑使用的全过程能耗；狭义的建筑能耗，即建筑的运行能耗，就是人们日常用能，如采暖、空调、照明、炊事、洗衣等的能耗，它是建筑能耗中的主导部分。随着经济收入的增长和生活质量的提高，建筑消费的重点将从“硬件（装修和耐用的消费品）”消费转向“软件（功能和环境品质）”消费，因此保障室内生活品质所需的能耗（空调、通风、采暖、热水供应）将会迅速上升。

2.1.2　我国建筑能耗的特点

（1）南方和北方地区气候差异大，仅北方地区采用全面的冬季采暖

我国处于北半球的中低纬度，地域广阔，南北跨越严寒、寒冷、夏热冬冷、温和及夏热冬暖等多个气候带。夏季最热月大部分地区室外平均温度超过26℃，需要空调进行降温；冬季气候地区差异很大，夏热冬暖地区的冬季平均气温高于10℃，而严寒地区冬季室内外温差可高达50℃，全年5个月需要采暖。目前我国北方地区的城镇约70%的建筑面积冬季采用了集中采暖方式；而南方大部分地区冬季无采暖措施，或只是使用了空调器、小型锅炉等分散的采暖方式。

（2）城乡住宅能耗用量差异大

一方面，我国城乡住宅使用的能源种类不同，城市以煤、电、燃气为主，而农村除部分煤、电等商品能源外，在许多地区秸秆、薪柴等生物质能仍为农民的主要能源；另一方面，目前我国城乡居民平均每年消费性支出差异大，城乡居民各类电器保有量和使用时间也差异较大。

（3）不同规模的公共建筑除采暖外的单位建筑面积能耗差别很大

当单栋公共建筑面积超过 20000m²，采用中央空调时，其单位建筑面积能耗是小规模不采用中央空调的公共建筑能耗的 3 ～ 8 倍，并且其能耗特点和主要问题也与小规模公共建筑不同。

2.2 建筑能耗现状

建筑能耗约占社会总能耗的 1/3，我国建筑能耗的总量逐年上升，在能源总消费量中所占的比例已从 20 世纪 70 年代末的 10%，上升到现在的 27.45%。而国际上发达国家的建筑能耗一般占全国总能耗的 33%左右。住房和城乡建设部建筑节能与科技司研究推断，随着城市化进程的加快和人民生活质量的改善，我国建筑耗能比例最终将上升至 35%左右。

2.2.1 建筑能耗的总体情况

本书讨论的建筑能耗，指的是民用建筑的运行能耗，即在住宅、办公建筑、学校、商场、宾馆、交通枢纽、文体娱乐设施等非工业建筑内，为居住者或使用者提供采暖、通风、空调、照明、炊事、生活热水，以及其他为了实现建筑的各项服务功能所使用的能源。

考虑到我国南北地区冬季采暖方式的差别、城乡建筑形式和生活方式的差别以及居住建筑和公共建筑人员活动及用能设备的差别，将我国的建筑用能分为北方城镇采暖用能、城镇住宅用能（不包括北方地区的采暖）、公共建筑用能（不包括北方地区的采暖）以及农村住宅用能四类。

（1）北方城镇采暖用能

指的是采取集中供热方式的省、自治区和直辖市的冬季采暖能耗，包括各种形式的集中采暖和分散采暖。地域涵盖北京、天津、河北、山西、内蒙古、辽宁、吉林、黑龙江、山东、河南、陕西、甘肃、青海、宁夏、新疆和西藏的全部城镇地区，以及四川的一部分城镇地区。

将该部分用能单独考虑的原因是，北方城镇地区的采暖多为集中采暖，包括大量的城市级别热网与小区级别热网。与其他建筑用能以楼栋或者以户为单位不同，这部分采暖用能在很大程度上与供热系统的结构形式和运行方式有关，并且其实际用能数值也是按照供热系统来统一统计、核算的，所以把这部分建筑用能作为单独一类，与其他建筑用能区别对待。

目前的供热系统按热源系统形式及规模分类，可分为大中规模的热电联产、小规模热电联产、区域燃煤锅炉、区域燃气锅炉、小区燃煤锅炉、小区燃气锅炉和热泵集中供热等集中供热方式，以及户式燃气炉、户式燃煤炉、空调分散采暖和直接电加热等分散采暖方式。使用的能源种类主要包括燃煤、燃气和电力。本章考察各类采暖系统的一次能耗，即包括了热源和热力站损失、管网的热损失和输配能耗以及最终建筑消耗的热量。

（2）城镇住宅用能

城镇住宅用能指的是除了北方地区的采暖能耗外，城镇住宅所消耗的能源。在终端用能途径上，包括家用电器、空调、照明、炊事、生活热水能耗，以及夏热冬冷地区的省、自治区和直辖市的冬季采暖能耗。城镇住宅使用的主要商品能源种类是电力、燃煤、天然气、液化石油气和城市煤气等。

夏热冬冷地区的冬季采暖绝大部分为分散形式，热源方式包括空气源热泵、直接电加热等针对建筑空间的采暖方式，以及炭火盆、电热毯、电手炉等各种形式的局部加热方式。

（3）商业及公共建筑用能

这里的商业及公共建筑泛指除了工业生产用房以外的所有非住宅建筑。除了北方地区的采暖能耗外，建筑内由于各种活动而产生的能耗，包括空调、照明、插座、电梯、炊事、各种服务设施，以及夏热冬冷地区城镇公共建筑的冬季采暖能耗。公共建筑使用的商品能源种类是电力、燃气、燃油和燃煤等。

（4）农村住宅用能

指农村家庭生活所消耗的能源，包括炊事、采暖、降温、照明、热水、家电等。农村住宅使用的主要能源种类是电力、燃煤和生物质能（秸秆、薪柴等）。其中的生物质能部分能耗不纳入国家能源宏观统计，本书将其单独列出。

本章的建筑能耗数据来源于清华大学建筑节能研究中心建立的中国建筑能耗模型（China Building Energy Model，CBEM）的研究结果，用以分析我国建筑能耗现状和从 2001—2012 年的变化情况。

如表 2-1 所示，2012 年建筑总能耗（不含生物质能）为 6.90 亿 tce，约占全国能源消费总量的 19.1%。建筑商品能耗和生物质能共计 8.07 亿 tce（生物质能约 1.17 亿 tce）。近年来，建筑商品能耗总量及其中电力消耗量均稳步增长(图 2-1)。

从统计年鉴中可以看出，中国呈现乡村人口比重不断减小，而城镇化率不断上升的趋势，尤其是 1875 年以后上升速度加快。2001—2012 年，我国城镇化高速发展，城乡建筑面积大幅增加。大量的人口从农村进入城市，城镇化率从 37.7%增长到52.6%，城镇居民户数从1.55亿户增长到2.49亿户，城乡居民平均每户人数逐年减少，家庭规模小型化。中国高速的经济发展和快速的城市化进程已经迅速地改变了中国的产业结构、城乡格局、资源利用和能源消耗结构，对世界能源、资源、生态环境格局产生了巨大的影响。城镇化率每提高1%，就要新增城市用水17亿m^3，新增能耗6000万tce，新增建设用地1004km^2，新增建材总重量6亿t。公共建筑和北方城镇建筑采暖面积逐年增长，城乡建筑每年竣工面积不断增长，平均每年竣工面积达30亿m^2。

中国2012年建筑总能耗　　表2-1

用能分类	宏观参数（面积或户数）	电（亿kW·h）	总商品能耗（亿tce）	能耗强度
北方城镇采暖	106亿m^2	82.4	1.71	16kgce/m^2
城镇住宅（不含北方地区供暖）	2.49亿户	3786.6	1.66	665kgce/户
公共建筑（不含北方地区供暖）	83.3亿m^2	4900.8	1.82	22kgce/m^2
农村住宅	1.66亿户	1594.1	1.71	1034kgce/户
合计	13.5亿人，约510亿m^2	10363.9	6.90	510kgce/人

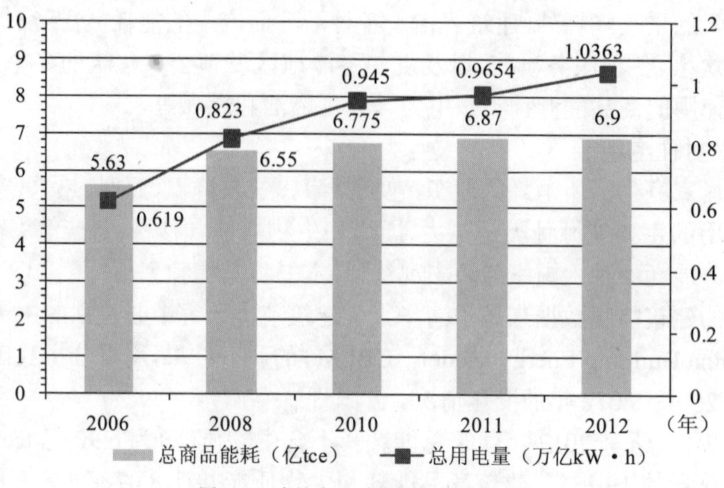

图2-1　建筑商品总能耗及总用电量

2.2.2　四个用能分类的能耗情况

从用能总量来看，四类用能各占建筑能耗的1/4左右（图2-2），呈现“四分天下”的局势。从面积来看，农村住宅建筑面积约为 238 亿 m^2，占全国建筑总面积的 46.7%；城镇建筑中，住宅建筑面积约 188 亿 m^2，公共建筑面积为 83.3 亿 m^2。而北方寒冷和严寒地区的建筑面积占了城镇建筑面积的 40%，使得北方城镇采暖成为总能耗中的重要组成部分。

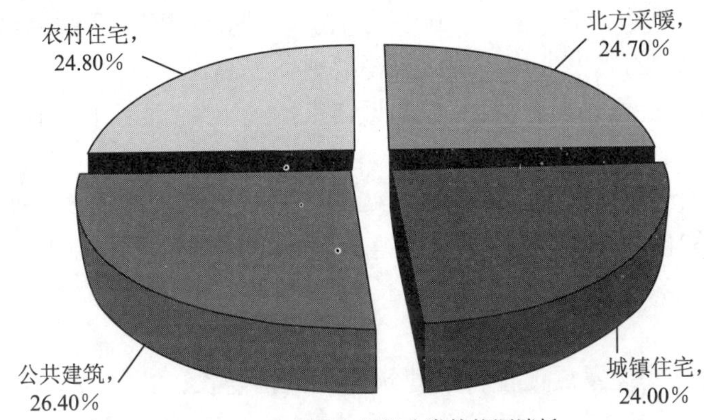

图 2-2　2012 年四个用能分类的能源消耗

结合四个用能分类近几年的变化，从各类能耗总量上看，除农村使用的生物质能持续降低外，各类建筑用能总量都有明显增长。而通过分析各类建筑能耗强度，进一步发现以下特点：

1）北方城镇能耗

2012 年北方城镇采暖能耗为 1.71 亿 tce，占建筑能耗的 24.7%。2001—2012 年，北方城镇建筑采暖面积从 50 亿 m^2 增长到 106 亿 m^2，增加了 1 倍多，而能耗总量增加了约 50%，低于建筑面积的增长，体现了节能工作取得的显著成绩——平均的单位面积采暖能耗从 2001 年的 22.8kgce[1]/m^2 降低到 2012 年的 16.1kgce/m^2。

具体来说，能耗强度降低的主要原因包括建筑保温水平的提高、高效热源方式占比的提高和供热系统效率的提高。

（1）建筑围护结构保温水平的提高

近年来，住房和城乡建设部通过多种途径提高建筑保温水平，包括：建立覆盖不同气候区、不同建筑类型的建筑节能设计标准体系，从 2004 年底开始的节能专项审查工作以及“十一五”期间开展的既有居住建筑改造。这三方面工作使得我国建筑的保温水平大大提高，起到了降低建筑实际需热量的作用。

（2）高效热源方式占比迅速提高

各种采暖方式的效率不同，目前缺乏对各种热源方式对应面积的确切统计数

---

[1] kgce＝千克标准煤（kilogram standard coal equivalent）。

据，但总体来看，高效的热电联产集中供热、区域锅炉供热取代小型燃煤锅炉和户式分散小煤炉供热，后者的比例迅速减少；各类热泵飞速发展，以燃气为能源的采暖方式比例增加。

（3）供热系统效率提高

近年来，特别是“十一五”（2006—2010 年）期间开展的供热系统节能增效改造，使得各种形式的集中供热系统效率得以整体提高。

北方城镇采暖能耗强度较大，但是近年来持续下降，显示了节能工作的成效。

2）公共建筑能耗

2012 年我国公共建筑面积约为 83.3 亿 m^2，能耗（不含北方采暖）为 1.82 亿 tce，占建筑总能耗的 26.4%，其中电力消耗为 4900 亿 kW•h。2001—2012 年，公共建筑单位面积能耗从 16.5 kgce/m^2 增长到 21.9kgce/m^2，能耗强度增长 33%，能耗总量增长近 1.6 倍。

我国城镇化快速发展促使公共建筑面积大幅增长。2001 年以来，公共建筑竣工面积达到 48 亿 m^2，占当前公共建筑保有量的 57.6%，即超过一半的公共建筑是在 2001 年后新建的。这其中暴露出一些过量建设的问题，如地方政府大量新建豪华的办公楼，人均办公面积大大高于国家规定；大规模兴建铁路客站、机场等交通枢纽，有些超出了地方实际客流需求；一些城市盲目兴建大型城市综合体，忽视市场需求，最终有可能成为公共建筑的“空城”。此外，新建单个公共建筑体量有增大的趋势，由于建筑体量和形式的约束导致空调、通风、照明和电梯等用能需求增长，同时办公设备（如电脑、打印机等）和大型服务器数量增加，公共建筑各个终端用能项和用能需求都在增长。这些因素导致了公共建筑能耗总量的大幅增长。

公共建筑单位面积能耗强度持续增长，各类公共建筑终端用能需求（如空调设备、照明等）的增长，是建筑能耗强度增长的主要原因。尤其是近年来许多城市新建的一些大体量并应用大规模集中系统的建筑，其能耗强度大大高出同类建筑。

3）城镇住宅能耗

2012 年城镇住宅能耗（不含北方采暖）为 1.66 亿 tce，占建筑总商品能耗的 24.0%，其中电力消耗 3787 亿 kW•h。2001—2012 年城镇人口增加了近 2.3 亿人，新建城镇住宅面积 58 亿 m^2，约占当前城镇住宅保有量的 1/3，同时空调、家电、生活热水等各终端用能项需求增长，户均能耗强度增长近 50%，而该类建筑能耗总量增长近 1.4 倍。一方面是家庭用能设备种类和数量明显增加，造成能耗需求提高；另一方面，炊具、家电、照明等设备效率提高，减缓了能耗的增长速度。例如，虽然家庭照明需求不断提高，灯具数量和种类都有所增加，但节能灯大量取代白炽灯，将照明光效提高了 4 ～ 5 倍，因而照明能耗强度并没有增长。还有一个显著特点就是长江流域及其以南地区住宅采暖的能耗迅速增加，这是由于各类采暖设施的普及和一些区域开始实现集中供热方式等造成的。如何对待这一现象，如何缓解由此造成的建筑能耗激增，是当前建筑节能工作的一个重要问题。

城镇住宅户均能耗强度增长，是因为生活热水、空调、家电等用能需求增加。夏热冬冷地区冬季采暖问题也引起了广泛的讨论，而由于节能灯具的推广，住宅中照明能耗没有明显增长，炊事能耗强度也基本维持不变。

4）农村住宅能耗

2012年农村住宅的商品能耗为1.71亿tce，占建筑总能耗的24.8%，其中电力消耗为1594亿kW•h，此外农村生物质能（秸秆、薪柴）的消耗约折合1.17亿tce。随着城镇化的发展，2001—2012年农村人口从8.0亿人减少到6.4亿人，而农村住房面积从人均25.7m^2增加到37.1m^2，住宅总量有所增长。

以户为单位来看农村住宅能耗的变化，户均总能耗没有明显的变化，而生物质能有被商品能源取代的趋势，生物质能占总能耗的比例从2001年的69%下降到2012年的41%。随着农村电力普及率和农民收入水平的提高，以及农村家电数量和使用的增加，农村户均电耗呈快速增长趋势。同时，越来越多的生物质能被煤炭所替代，这就导致农村生活用能中生物质能的比例迅速下降。通过整体的能源解决方案，充分利用农村地区各种可再生资源丰富的优势，在实现农村生活水平提高的同时不使商品能源消耗同步增长，维持农村以非商品能源为主，是我国农村住宅节能的关键，也是我国能源系统可持续发展的重要途径。

农村住宅商品能耗增加的同时，生物质能使用量持续快速减少，在农村人口减少的情况下，农村住宅商品能耗总量大幅增加。农村户均能耗高于城镇户均能耗强度的原因来自多个方面：①北方农村大量使用煤采暖，能耗较高；②农村户均人口较城镇多，炊事、生活热水用能需求较大；③节能灯、高效电器的推广不如城市普及等。

2.3 中国建筑节能标准

2.3.1 保温与隔热

在建筑工程中，常把用于控制室内热量外流的材料称为保温材料，将防止室外热量进入室内的材料称为隔热材料，两者统称为绝热材料。绝热材料主要用于墙体及屋顶、热工设备及管道、冷藏库等工程或冬季施工的工程。合理使用绝热材料能够减少热损失、节约能源、降低能耗。

材料的导热能力用导热系数表示，导热系数是评定材料导热性能的重要物理指标。影响材料导热系数的主要因素包括材料的化学成分、微观结构、孔结构、湿度、温度和热流方向等，其中孔结构和湿度对热导系数的影响最大。

一般来讲，平均温度不高于35℃时导热系数不大于0.12W/（m•K）的材料称为保温材料，而把导热系数在0.05 W/（m•K）以下的材料称为高效保温材料。图2-3显示了不同材料的导热系数，四种材料采用对应厚度的时候，传热性相当。也就是说3cm厚的岩棉板、9cm厚的保温砂浆、75cm厚的实心砖、231cm厚的钢筋混凝土的保温效果是一样的。可见岩棉板的保温隔热能力要大大优于混凝土。

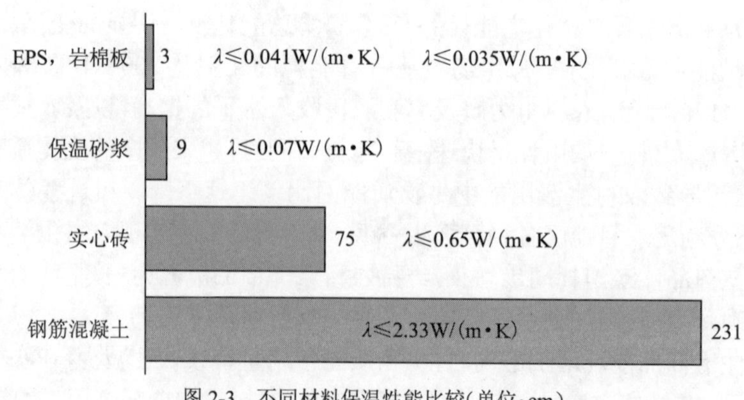

图2-3 不同材料保温性能比较(单位:cm)

2.3.2 中外建筑能耗比较

我国建筑节能状况落后，亟待改善。在20世纪70年代能源危机后，发达国家开始致力于研究与推行建筑节能技术，而我国却忽视了这一方面的问题。时至今日，我国建筑节能水平远远落后于发达国家。

我国绝大多数采暖地区围护结构的热工性能都比气候相近的发达国家落后许多。外墙的传热系数是他们的3.5～4.5倍，外窗为2～3倍，屋面为3～6倍，门窗的空气渗透为3～6倍，如表2-2所示。欧洲国家住宅的实际年采暖能耗已普遍达到6L/m^{3}油，相当于大约8.57kgce/m^2，而在我国达到节能50%的建筑采暖耗能也要达到12.5kgce/m^2，约为欧洲国家的1.5倍。例如与北京气候条件大体上接近的德国，1984年以前建筑采暖能耗水平和北京目前水平差不多，每年消耗

24.6 ～ 30.8kgce/m^2，但到了 2001 年，德国的这一数字却降低至 3.7 ～ 8.6 kgce/m^2，其建筑能耗降低至原有的 1/3 左右，而北京却一直是 22.45 kgce/m^2，如表 2-3 所示。

国内外建筑材料性能对比（单位：kgce/m^2）　表 2-2

对比部位	发达国家（作为基数）	中国
外墙（传热系数）	1	3.5 ～ 4.5 倍
外窗（传热系数）	1	2 ～ 3 倍
屋面（传热系数）	1	3 ～ 6 倍
门窗的空气渗透	1	3 ～ 6 倍

国内外住宅建筑采暖能耗对比（单位：kgce/m^2）　表 2-3

年份	德国	北京
1984 年	24.6 ～ 30.8	22.45
2001 年	3.7 ～ 8.6	22.45

与发达国家相比，我国建筑节能材料保温隔热性能标准明显偏低。发达国家几年修订一次标准，每次修订均提高节能要求。例如，法国在 1974 年、1982 年、1989 年四次修订建筑标准，每次修订比上次标准节能 25%；在 2001 年法国又修订标准，再次节能 20% ～ 40%。英国外墙传热系数限值如表 2-4 所示。

英国外墙传热系数限值［单位：W/（m^2•K）］　表 2-4

年份	1965 年	1976 年	1980 年	1990 年	2002 年
外墙传热系数	1.7	1.0	0.6	0.45	0.35

2005 年，我国发布实施了《公共建筑节能设计标准》（GB 50189—2005），标准对不同地区的外墙的传热系数规定如表 2-5 所示。

不同公共建筑设计热工分区外墙传热系数 K［单位：W/（m^2•K）］　表 2-5

地区	代表城市	体形系数 ≤ 0.3	0.3 ＜体形系数 ≤ 0.4
严寒地区 A 区	哈尔滨	≤ 0.45	≤ 0.40
严寒地区 B 区	沈阳	≤ 0.50	≤ 0.45
寒冷地区	北京	≤ 0.60	≤ 0.50
夏热冬冷	上海	≤ 1.0	
夏热冬暖	广州	≤ 1.5	

2.3.3 中国建筑节能标准

中国建筑节能的设计标准及实施日期，如表 2-6、表 2-7 和图 2-4 所示。

中国建筑节能设计标准 表 2-6

实施日期	标准号	标准名称	建筑类型	节能目标
2013-04-01	JGJ 75—2012	夏热冬暖地区居住建筑设计标准	住宅	50%
2005-07-01	GB 50189—2005	公共建筑节能设计标准	公建	50%
2010-08-01	JGJ 26—2010	严寒、寒冷地区居住建筑节能设计标准	住宅	65%
2010-08-01	JGJ 134—2010	夏热冬冷地区居住建筑节能设计标准	住宅	50%

注：节能 50%是与表 2-7 基准建筑相比较（20 世纪 80 年代的公共建筑）。

20 世纪 80 年代公共建筑（基准建筑）围护结构传热系数［单位：W/（m^2·K）］ 表 2-7

代表城市	外墙	屋顶	外窗
哈尔滨	1.28	0.77	3.26
北京	1.70	1.26	6.40
上海	2.00	1.50	6.40
广州	2.35	1.55	6.40

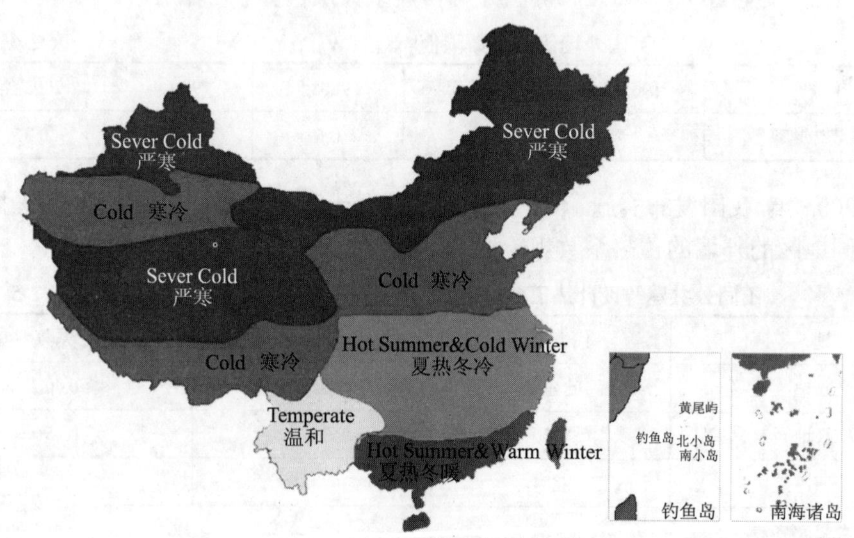

图 2-4 中国建筑热工设计分区图

图片来源：《民用建筑热工设计规范》（GB 50176—1993）。

2.4 中国建筑节能潜力

我国工业、建筑、交通和生活四大节能产业中，建筑节能被视为热度最高的领域，是减轻环境污染、改善城市环境质量的最直接、最廉价的措施。如果我国所有的既有建筑和新建建筑都节能 70%，每年可以减少 20 亿 t CO_2 的排放。在我国的建筑节能中，北方地区建筑面积占全国建筑面积 10%，但能耗却占 40%，所以国家应花大力气降低北方采暖能耗。

由表 2-8 可以看出，在 2005 年碳排放强度的基础上，如果不进行节能减排，以 2013 年的 GDP 为基础，按 GDP 年增 7%来测算，到 2020 年中国 GDP 将达到 91.34 万亿元人民币，CO_2 排放将达到 284.98 亿 t。如果单位 GDP 能耗减排 40%或 45%的 CO_2，届时的 CO_2 排放也将会达到 170.99 或 156.74 亿 t。由此可知，要实现中国政府在哥本哈根会议上的承诺，2020 年中国要在 2005 年碳排放强度的基础上减少 113.99（284.98 ～ 170.99）或 128.25（284.98 ～ 156.74）亿 t 的 CO_2 排放。

2020 年中国 CO_2 排放量估算 表 2-8

年份	GDP 总量（万亿元人民币）	每年能源消耗（亿 tce）		碳排放总量（亿 t）		碳排放强度（t CO_2/ 万元人民币）
		总消耗量	非化石能源占比			
2005 年	18.39	23.6	6.8%	57.2[①]		3.12
2020 年	91.34[②]	方案一	不减排	284.98		3.12
		方案二	减排 40%	170.99[③]	113.99	1.87
		方案三	减排 45%	156.74[③]	128.25	1.72

注：① 2005 年的碳排放总量 =2.6× 总消耗量 ×（1－非化石能源占比）。按每吨标准煤排放 2.6t CO_2 计算。非化石能源包括风电、水电、核电，因不产生 CO_2 所以计算时扣除。

② 2020 年 GDP 按 2013 年的 GDP（56.88 万亿元人民币）年增 7%计算。

③ 2020 年的碳排放总量 =2020 年 GDP× 该年的碳排放强度。

数据来源：中国统计年鉴 2013。

假设截至 2020 年，中国房屋都能实现节能 50%的目标，则可以减排 17.88 亿 t 的 CO_2，对 2020 年整个中国 CO_2 减排的贡献率为 14.7%，如表 2-9 所示。所以，中国建筑节能潜力巨大，不可忽视。

中国房屋节能潜力测算

表 2-9

年份	中国房屋能源消耗量（亿 tce）		碳排放量（亿 t）	节能 50% 节约 CO_2 排放量（亿 t）	2020 年中国 CO_2 减排量（亿 t）	
2011 年	总能耗	8.14	21.16①	—	—	
2020 年	总能耗	13.75②	35.75①	17.88	121.12	14.7%

注：①碳排放量 =2.6× 能源消耗量。

②以 2011 年为基础，年增 6% 计算（根据中国统计年鉴 2005—2013 年中国能源消耗量年均增长率是 6%）。

数据来源：中国统计年鉴 2013。

2.5 中国建筑节能目标

（1）“十二五”（2011—2015 年）期间要求

“十二五”期间，国家对建筑节能提出了更高、更明确的要求：一是推进新建建筑供热计量设施建设（可节能 30%）；二是提高建筑节能标准施工阶段执行率的要求；三是推广高性能绿色建筑和低能耗建筑；四是推进农村节能住宅建设。

随着人民生活水平的日益提高，用户对用热个性化和舒适性的要求越来越高。在传统供热系统中，用户处于被动状态，室内温度由供热单位进行调节，这种单一调节不能满足用户的不同需要。目前，北方城镇供热大多是按照面积收费。有些居民认为室内温度较高，感觉不舒服，甚至要打开窗户通过室外空气降低室内温度，这就造成了能源浪费。实施供热计量就可以满足用户根据自身要求，利用室内温度控制装置（如暖气温控阀）在一定温度范围内自主调节室温。

供热计量是以集中供热或区域供热为前提，以适应用户热舒适需求、增强用户节能意识、保障供热和用热双方利益为目的，通过一定的供热调控技术、计量手段和收费政策，实现按户计量和收费。简单地说，供热计量就是按用热量的多少收取采暖费，就是用多少热、交多少费。目前国内供热计量主要有以下几种方式：热分配计法、户用热量表法、流量温度法、通断时间面积法和温度面积法等。

（2）2020 年的目标

2005 年住房与城乡建设部确定了建筑节能工作的目标：

①通过全面推广节能与绿色建筑工作，争取到 2020 年，大部分既有建筑实现节能改造，新建建筑完全实现建筑节能 65% 的总目标，东部地区要争取实现更高

的节能水平；

②基本实现新增建筑占地与整体节约用地的动态平衡；

③实现建筑建造和使用过程中节水率在现有基础上提高 30%以上；

④新建建筑对不可再生资源的总消耗比现在下降 30%以上。

到 2020 年，我国建筑的资源节约水平接近或达到现阶段中等发达国家的水平，节能、节地、节水、节材和环境保护的经济和社会效益显著，转变经济的增长方式的成效突出。

思考与调研

1. 中国建筑能耗的特点是什么？
2. 中国建筑的节能潜力有多大？
3. 中国节能建筑的发展目标是什么？
4. 我国的建筑热工设计分区包括哪几个？
5. 农村住宅用能与城镇住宅用能的差异在什么地方？
6. 与城镇住宅相比，农村住宅节能的关键是什么？
7. 对于 2020 年建筑节能工作目标，你认为可以实现吗？应该怎么做？
8. 调研住宅建筑能耗与公共建筑能耗的区别。
9. 调研中国建筑节能标准与发达国家的节能建筑标准的差距。
10. 调研指出中国建筑能耗的重点区域。

第3章 | 建筑节能政策

中国建筑的可持续发展，离不开发展环保、节能建筑，离不开政府政策的大力扶持。我国政府从 20 世纪 80 年代就开始研究建筑节能的理论，制定了许多促进建筑节能发展的方针政策，目前我国已经形成了一套支撑可持续发展建筑推广的法律、法规、规范、标准和激励政策。

3.1 我国建筑节能的发展历程

目前我国人口总量已超过 13.6 亿，到 2013 年底城镇人口达 7.31 亿，占全国人口的 53.7%；农村人口达 6.3 亿人，占全国人口的 46.3%。由于目前城镇建筑中 80%约 190 亿 m^2 属于非节能建筑，而这些建筑中特别是在 1986 年以前未采取节能措施时建造的，其建筑的保温隔热性能很差、采暖系统热效率低，单位建筑面积采暖能耗约为发达国家的 3 倍。因此，尽管在计划经济条件下，采暖区范围仅限于北方城镇，但每年城镇建筑仅采暖一项就需要消耗 1.3 亿 tce，占全国能源消费总量的 11. 5%左右，占采暖地区全社会能源消费的 20%以上。在一些严寒地区，城镇建筑能耗则高达当地社会能源消费的 50%左右。乡村建筑使用非商品能源折合约 2.48 ～ 2.6 亿 tce。而我国自然与能源资源相对贫乏，随着人民生活水平的不断提高，人们对于建筑热环境舒适性的要求日益迫切。过去作为“非采暖区”的中部地区，城镇和农村房屋正越来越广泛地使用采暖设施。南方炎热地区及全国普遍安装空调以改善夏天室内环境质量，上海、广东、重庆等地每户空调安装量达 2 台以上。单位体积空气温度每降低 1℃所需要的能耗是同样体积空气温度升高 1℃所需要能耗的 6 倍，空调已成为当地建筑能耗的主要因素。数量巨大的既有建筑如不能得到节能改造，高耗能的现象还将会继续下去。

我国城市建筑采暖用能以煤为主，乡村建筑采暖以薪柴秸秆为主，因此大量排放 CO_2、SO_2 和烟尘。不仅造成环境污染，还将加大对大气层“温室效应”的影响。

由于注意到以上情况的严重性，住房与城乡建设部作为政府管理工程建设与建筑业、城市建设与市政公用事业、城乡住宅与房地产、村镇建设的职能部门，早在 1980 年开始伴随着我国改革开放政策就制定了一系列的建筑节能政策并组织实施。

我国开展建筑节能工作大体经历如下四个阶段。

第一阶段（1986 年以前）：理论探索阶段；

第二阶段（1987—2000 年）：试点示范与推广阶段；

第三阶段(2001—2005 年):承上启下的转型阶段;

第四阶段(2006 年至今):全面开展阶段。

本章将对我国建筑节能发展历程各个阶段的建筑节能工作中颁布的主要政策与法规、技术标准与规范、主要成就和存在的问题进行详细的阐述。

3.1.1 第一阶段(1986 年以前):理论探索阶段

我国的建筑节能工作是从 20 世纪 80 年代初伴随着实行改革开放政策以后开始的。在国家经济贸易委员会和国家计划委员会的支持下,建设部组织开展了民用建筑能耗调查和建筑节能技术及标准研究,1986 年 3 月颁发了《民用建筑节能设计标准(采暖居住建筑部分)》(JGJ 26—1986)。该标准于 1986 年 8 月 1 日起实施,建筑节能率目标是 30%,即新建的采暖居住建筑的能耗应在 1980—1981 年当地住宅通用设计耗热水平的基础上降低 30%。我国的北方地区各省、自治区、直辖市和南方地区、南北过渡地区的几个地方政府根据本地区气候及建筑技术、材料和产品的实际情况相继制定了这一节能设计标准的实施细则;同时组织有关单位开展《旅游旅馆建筑热工与空气调节节能设计标准》的研究与制定工作。

此阶段开展的工作,主要是在理论方面进行了一些研究,了解国外的建筑节能发展情况,借鉴了发达国家发展建筑节能的一些经验,对我国建筑节能的发展做了一些有益的探索,为后来建筑节能工作的开展奠定了基础。

3.1.2 第二阶段(1987—2000 年):试点示范与推广阶段

在第一阶段的基础上,1987 年 9 月,建设部、国家经济贸易委员会、国家计划委员会和国家建材局联合对实施《民用建筑节能设计标准(采暖居住建筑部分)》(JGJ 26—1986)进行布置和要求。为了贯彻实施该标准,从 1988 年起,建设部和国家建材局、农业部、国家土地局联合成立墙体材料革新领导小组及办公室,制定了《关于加快墙体材料革新与推广节能建筑的意见》,经国务院批准印发,全国各地执行,并运用系统工程的方法在黑龙江省哈尔滨市和四川省成都市组织开展建筑节能的住宅小区工程试点示范。

1992 年,建设部又在全国 8 个省市组织开展建筑节能的试点工程工作;与此同时,开展建筑节能工作比较好的一些地方政府,也分别开展大规模和高水平的建筑节能试点工程工作。这些试点示范对于推动总体的建筑节能工作提供了成功的经验,取得了非常好的效果。

1993 年 9 月,建设部正式颁发了中国第一部商业性建筑设计标准——《旅游旅馆建筑热工与空气调节节能设计标准》(GB 50189—1993),开展了商业性建筑的节能工作。在此之前，建设部还先后于1990年5月发布了《民用建筑照明设计标准》（GBJ 133—1990），1993年3月发布《民用建筑热工设计规范》（GB 50176—1993）等一系列建筑节能设计方面的标准与规范。

1994年，为了促进人类社会的可持续发展，根据我国政府关于加强节能工作的要求，建设部成立建筑节能办公室。由于建筑节能工作涉及很多方面，为了便于工作，还专门成立了节能工作协调组，开始了有组织地制定建筑节能政策并组织实施的新阶段。

首先，制定了《建筑节能"九五"计划和2010年规划》，确立了节能的目标、重点、任务、实施措施和步骤；其次是修订新的节能目标为50%的《民用建筑节能设计标准（采暖居住建筑部分）》（JGJ 26—1995）（简称《新标准》）；最后，为推动建筑节能工作的开展，制定发布了《建筑节能技术政策》和《市政公用事业节能技术政策》，组建建设部建筑节能中心等，为在我国全面开展建筑节能完成了技术准备、技术标准准备、组织准备和政策准备。

1996年9月，建设部召开了全国建筑节能工作会议，对在全国范围全面开展建筑节能工作，执行建筑节能新标准，实现节能50%的第二步目标作了具体部署和工作安排；1997年2月，建设部、国家计划委员会、国家经济贸易委员会、国家税务总局还对实施《民用建筑节能设计标准（采暖居住建筑部分）》（JGJ 26—1995）的时限、范围等做出了具体要求。

3.1.2.1 政策与法规

我国政府为了鼓励和推动开展建筑节能工作，制定了相应的鼓励政策和管理规定。

（1）1991年4月，国务院发布第82号国务院令，明确规定：对于达到《民用建筑节能设计标准（采暖居住建筑部分）》（JGJ 26—1986）的住宅，即为北方节能住宅，其固定资产投资方向调节税税率为零。

（2）为了推动建筑和各类固定资产投资工程的节能工程化进展，1992年，主管投资的国家计划委员会、主管技术改造的国家经济贸易委员会和主管建设的建设部联合制定了《关于基本建设和技术改造工程项目可行性研究报告增列"节能篇（章）"的暂行规定》，从固定资产投资项目的提出、论证和立项审批就首先要对节能进行专题论证、设计和审批、建设。1997年12月，这三个部委根据《中华人民共和国节约能源法》的有关规定，又对原规定进行了修改，制定了《关于固定资产投资工程项目可行性研究报告"节能篇（章）"编制及评估的规定》，明确了节能的要求和评估的标准。

（3）1988年1月，建设部颁发了《城市建设节约能源管理实施细则》，该细则从节约建筑采暖用能的角度要求“三北地区居民和公共建筑采暖要利用多种热源，发展城市集中供热。要积极利用工业余热和地热资源，凡城市附近新建的热电厂都应向城市供热。凡新建住宅和公共建筑都必须实行连片供热，不准再建分散锅炉房。对现有分散供热的低效锅炉，要逐步淘汰。城市居民用煤气、热力、自来水都应当装表，计量收费，取消包费制和无偿转供。对工业用煤气、热力、自来水要装表计量，按定额供应，超定额用量实行累进加价收费的办法”。

（4）1998 年 2 月，国家计划委员会、国家经济贸易委员会、电力工业部、建设部印发《关于发展热电联产的若干规定》（计交能〔1998〕220 号）。

（5）为加快推动建筑节能工作和加强民用建筑节能管理，提高能源利用效率，改善室内热环境，建设部在 1999 年制定了《民用建筑节能管理规定》，以建设部令第 76 号发布，自 2000 年 10 月 1 日起施行。

建设部令第 76 号作为国家部委部门一级的行政规章首次对建筑节能的各项任务内容以及相关责任主体的职责、违反的处罚形式和标准等做出了规定。该规定适用于下列建设项目的审批、设计、施工、工程质量监督、竣工验收和物业管理：

①《建筑气候区划标准》（GB 50178—1993）划定的严寒和寒冷地区设置集中采暖的新建、扩建的居住建筑及其附属设施；

②新建、改建和扩建的旅游旅馆及其附属设施。

建设部令第 76 号的颁布施行，解决了以往建筑节能没有部门规章可依的漏洞，对于加强民用建筑节能管理，提高能源利用效率，改善室内热环境发挥了积极的作用。

（6）我国建筑应用太阳能等新能源的早期政策。我国是太阳能资源十分丰富和得天独厚的国家，2/3 以上的国土面积年均日照在 2200h 以上，年辐照总量约 3340 ~ 8360MJ/（m^2•a），可产生相当于 110 ~ 280kgce/（m^2•a）的热量。我国太阳能在建筑上的应用虽然取得了很大的成绩，但总体水平不高，发展不快。为了进一步推动太阳能在建筑中的应用，建设部初步制定了“中国住宅阳光计划”项目计划，包括目标、任务和 10 项行动措施。

3.1.2.2 技术标准与规范

建立和健全建筑节能标准规范体系，对于推动建筑节能工作走上标准化、规范化的轨道至关重要。首先，建筑节能标准体系是建造节能建筑的标尺和依据，能够引导相关设计单位、施工单位等责任主体按照相应的标准从事有关的建设活动；其次，建筑节能标准体系中相关强制性条文能够规范相关的建设单位、设计单位以及施工单位在建筑节能过程中的从业行为，并且具有一定的强制性效力；第三，建筑节能标准体系的建立，将使包括建筑工程的规划、设计、图纸审查、施工、监理、质量监督、竣工验收、使用运行等全过程有标准可依，从而可以保障建筑节能工作能够真正落到实处。

此阶段，先后颁发的建筑节能相关的节能标准与规范如下所列。

(1)《采暖通风与空气调节设计规范》(GBJ 19—1987)

该规范适用于新建、扩建和改建的民用和工业建筑的采暖、通风与空气调节设计，不适用于有特殊用途、特殊净化与防护要求的建筑物、洁净厂房以及临时性建筑物的设计。

(2)《民用建筑照明设计标准》(GBJ 133—1990)

为了使民用建筑照明设计符合建筑功能和保护人民视力健康的需求，做到节约能源、技术先进、经济合理、使用安全和维护方便，制定该标准；该标准适用于新建、改建和扩建的公共建筑和住宅的照明设计。

(3)《旅游旅馆建筑热工与空气调节节能设计标准》(GB 50189—1993)

该标准适用于新建、扩建及改建的旅游旅馆的节能设计。旅游旅馆建筑热工与空气调节节能的设计，除应符合该标准外，尚应符合国家现行有关标准规范的规定。

(4)《城市热力网设计规范》(CJJ 34—1990)

为节约能源，保护环境，促进生产，保护人民生活，加速发展我国城市集中供热事业，提高集中供热工程设计水平，制定该规范；该规范适用于以热电厂或区域锅炉房为热源的新建或改建的城市热力网管道、中继泵站和用户热力站等工艺系统设计。

(5)《民用建筑热工设计规范》(GB 50176—1993)

为使民用建筑热工设计与地区气候相适应，保证室内基本的热环境要求，符合国家节约能源的方针，提高投资效益，制定该规范；该规范的适用范围是民用建筑的热工设计；建筑热工设计主要包括建筑物及其围护结构的保温、隔热和防潮设计。

(6)《民用建筑节能设计标准(采暖居住建筑部分)》(JGJ 26—1995)

该标准适用于集中 92%的新建和扩建居住建筑的建筑热工与采暖节能设计。居住建筑主要包括住宅建筑（约占 92%）和集体宿舍、招待所、旅馆、托幼建筑等。集中采暖是指由分散锅炉房、小区锅炉房和城市热网等热源，通过管道向建筑物供热的采暖方式。改建的居住建筑如有节能要求，应按国家现行有关标准规范的规定执行。至于使用功能与居住建筑相近的其他民用建筑，工业企业辅助建筑，究竟包括哪些建筑，如何参照使用也不够明确，故都不列入该标准适用范围。暂无条件设置集中采暖的居住建筑，其围护结构按该标准执行，一则有利于节能和改善室内热环境，二则为将来条件许可时设置集中采暖创造有利条件。该标准批准日期为

1995年12月7日，实施日期为1996年7月1日。

(7)《既有采暖居住建筑节能改造技术规程》(JGJ 129—2000)

为贯彻落实《中华人民共和国节约能源法》及国家关于节约能源的法规，改变我国严寒和寒冷地区大量既有居住建筑采暖能耗大、热环境质量差的现状，采取有效的节能改造技术措施，达到节约能源、改善居住热环境的目的，制定该规程；该规程适用于我国严寒及寒冷地区设置集中采暖的既有居住建筑节能改造，无集中采暖的既有居住建筑，其围护结构采暖系统直接按规程的有关规定执行。

3.1.2.3 主要成就

在第一阶段工作的基础上，经过了十多年的不懈努力，我国在建筑节能领域取得了较大的成就，集中体现在以下几个方面。

(1)深入开展建筑节能技术研究，取得了一批具有实用价值的科技成果

十多年来，我国政府有关部门一直把建筑节能作为建筑科学技术工作的一个主要方面，从改善建筑物围护结构保温隔热性能、提高居住环境质量入手，在节能建筑体系、新型节能墙体及屋面保温材料、密闭节能保温门窗、供热采暖系统等许多方面安排了数百项科技研究项目，取得了一批具有一定水平和实用价值的建筑节能科技成果。其中获国家科技进步奖的有10多项，获建设部科技进步奖的有69项，主要包括住宅建筑适用技术研究与珍珠岩保温砂浆、带饰面聚苯板内保温、热反射保温隔热窗帘、旧房节能改造、保温复合墙体和屋面、混凝土岩棉复合外墙板、供热管网水力平衡技术、已建建筑节能改造、空心砖墙体、加气混凝土墙体房屋、采暖居住建筑节能设计原则与方法、浮石混凝土小型空心砌块墙体等。形成了一大批符合我国国情的建筑节能技术体系。

(2)开展了建筑节能相关产品的开发和推广应用

建筑节能相关产品的开发和推广促进了建筑节能技术产业化。结合我国气候和资源条件，开发了一大批多种类型的符合建筑节能技术要求的新型复合墙体及其配套的保温产品。

在太阳能建筑应用技术、供热系统水力平衡温度调节阀、散热器、采暖计量仪表、建筑与城市照明节能电器以及控制系统和软件开发等方面，都取得了明显成果。

(3)以试点示范作引导，建成了一大批节能住宅和节能建筑

从1992年起，先后在北京、河北、辽宁、甘肃、宁夏等地开展了8个城市的建筑节能试点工程和试点小区建设；1999年组织了20个试点工程与试点小区；一些地方也开展了不同类型的建筑节能试点，带动了节能建筑的建设。据不完全统计，到1999年全国已累计建成了节能住宅1.4亿m^2。

(4)制定了全国建筑节能技术培训政策，开展了广泛的建筑节能培训工作

采取中央与地方两级培训策略，首先由建设部建筑节能中心为地方培训师资，再由地方政府在当地组织建筑节能培训，取得较好的效果。到 2000 年，全国已经开展了两期高级培训班，先后有北京、天津、河北、内蒙古、湖北、重庆、陕西、宁夏等地 800 多人参加了建筑节能培训，有效地促进了全国各地建筑节能工作的开展。

（5）广泛开展建筑节能的国际合作

20 世纪 80 年代以来，我国政府有关部门相继与瑞典合作开展热带亚热带地区住宅自然降温研究；与英国合作建设示范节能住宅并对原有住宅进行示范改造；与丹麦、德国、芬兰、法国和美国等国家建筑节能机构建立了联系；与加拿大开展政府间建筑节能合作，作为实施《中国 21 世纪议程》人类住区持续发展第一批优先选用项目，已于 1997 年 8 月正式启动。一些建筑节能国际组织与我国合作工作也正在逐步开展。

3.1.2.4 存在问题

由于建筑节能工作是一项新工作，我国没有相关的成功经验，建筑节能工作在探索中前进，取得了一些成就，但更多的是遇到了一些亟须解决的问题，这一阶段主要存在以下一些问题。

1）建筑节能标准技术指标落后

世界发达国家对建筑节能工作十分重视，并不断地修订建筑节能标准，例如丹麦，到 2004 年对建筑节能标准修订过 6 次，英、法、德等国也修订过 4 次。其中英国和德国，随着生活舒适性程度的不断提高，新建建筑节能标准已提高到原来的 3 ～ 5 倍。而我国的建筑节能标准从 1986 年制定，只在 1995 年修订过一次，建筑节能技术标准中规定的围护结构传热系数、采暖供热、通风换气、空调制冷等方面的技术指标远远低于发达国家水平。

2）建筑节能标准贯彻率低

由于已经颁布的建筑节能标准不具有强制性，至今尚未得到全面贯彻实施，执行力度明显不足，各地区有法不依现象十分严重。2000 年建设部组织了对北方地区 2 个直辖市和部分省、自治区贯彻建筑节能设计标准的检查，发现达到建筑节能设计标准的节能建筑只占同期建筑总量的 6.4%。截至 2000 年底，全国既有房屋的建筑面积，城市为 76.6 亿 m^2（其中住宅约占 58%），农村则为 200.4 亿 m^2（其中住宅约占 80%），而其中能够达到采暖建筑节能设计标准的只有 1.8 亿 m^2，仅占全部城乡建筑面积的 0.6%，占城市房屋建筑面积的 2.3%。

从全国范围来看，地区之间新建建筑节能标准贯彻率极不平衡，具体表面在：

（1）地区间发展不平衡

总的来看，北方地区建筑节能设计标准颁布较早，进展较快；而过渡地区和南方地区则进展较慢，尚处于起步阶段。在同一个省（区、市），经济较发达地区工作进展一般较快，而经济欠发达地区则工作相对滞后。

(2)城乡间发展不平衡

目前建筑节能工作主要在城区展开，各项措施、各个环节落实较好，而在城区以外，尤其是农村及乡镇地区，建筑节能工作没有得到开展，新建建筑基本没有执行节能设计标准，相关的管理措施也没有到位。

全国500多亿m^2的既有建筑中，由于既有建筑节能改造涉及投融资、房屋所有权、法规等方面的问题，绝大部分依然是非节能建筑，仍在浪费着大量能源。

3)建筑节能新技术、新材料和新产品利用率低

自20世纪80年代初期提出实施节能战略以来，众多专家学者充分认识到了建筑节能在节能中的重要地位，在科研机构和高等院校内组织开展了众多建筑节能新技术、新材料和新产品的研究开发。迄今为止，在通风技术、遮阳技术、太阳能技术、中水系统技术、地源热泵技术、节能墙体材料、节能门窗和供热制冷设备等方面都取得了相应的科研成果。但是这些新技术和新产品多数仅仅是作为学术论文使用，在实践中推广应用率极低，研究开发与实际应用严重脱节，无法发挥其应有的社会和生态价值。而一些地方虽然将开发研制的节能技术和节能材料投入使用，但在使用过程中往往存在保温材料质量不合格、施工工艺不成熟、节能产品性能不稳定等问题，同样没有发挥出节能新技术、新材料和新产品对建筑节能工作的贡献。建筑节能关键技术，如外墙围护结构体系、高效的供热制冷系统、可再生能源的建筑应用等技术不配套，不能完全解决耐久性（与建筑同寿命）、防火、外贴墙砖、修补维护等技术细节问题，导致开发商在技术选择上顾虑重重。相比国际水准，多数现有技术还比较低级、系统配套差，产业化程度也不高，如果大幅度提高节能标准要求，现有技术大都难以支撑。

4)建筑节能市场发育缓慢

我国节能建筑的建设主要是在一些城市搞试点示范工程，供给量很小，尚未形成完善的建筑节能市场，无法利用市场机制对节能建筑进行有效的资源配置，对其供求状况和价格产生影响。节能建筑市场发育不完善、进展困难，缺乏市场监督和管理机制，市场秩序混乱，致使节能建筑无法遵循正常的竞争准则进行交易，节能建筑在市场中往往受到传统建筑的排挤，难以占据市场份额。建筑节能技术、材料和人才市场尚未建立，无法为建筑节能工作的开展提供相应的技术服务和后备力量。

3.1.3 第三阶段(2001—2005年)：承上启下的转型阶段

进入21世纪以后，建筑节能工作承上启下，继往开来，不断面临新机遇，应对

新挑战，经过全国上下共同努力取得了长足的进展。自从 20 世纪 80 年代建筑节能在北方采暖地区推行以来，到 21 世纪初，建筑节能工作已经走过了二十多年艰难而辉煌的发展历程，推行范围已覆盖了北方严寒、寒冷地区，过渡带的夏热冬冷地区、南方夏热冬暖地区（包括居住建筑和公共建筑），并且公共建筑节能标准还覆盖了位于温和气候带的地区。但是，长期以来，建筑节能的重要性在一些地方没有得到相关部门的足够重视，有些地方建设行政主管部门认识不到位、疏于管理、缺乏监督、放任自流，使建筑节能工作遭到了不应有的削弱和损失。出现建筑节能强制性标准条文不严格遵循，并且随意降低或取消建筑节能标准技术措施的现象，同时在一些地方对违反建筑节能标准的行为也不进行追究和处罚。

下面对我国在 2001—2005 年颁布的有关建筑节能的主要政策与法规、技术标准与规范以及建筑节能工作取得的主要成就以及在实施节能工作中存在的问题给予详细介绍。

3.1.3.1 政策与法规

随着建筑节能工作的深入开展，建设部令第 76 号已经不能完全适应新形势的需要：一是适应范围较窄，难以满足夏热冬冷地区、夏热冬暖地区居住和公共建筑等民用建筑节能管理工作的需要；二是建筑工程建设过程中节能管理程序不能衔接，一些环节的管理存在空白；三是建筑节能工作管理体制不够完善，缺乏整体监管措施，需要引入新的机制；四是建筑物竣工后的节能性能没有确认的办法，难以向购房者提供节能指标并有效约束建设单位违反节能标准的行为。

为解决建筑节能工作面临的新问题，及时适应夏热冬冷、夏热冬暖地区的居住建筑节能以及各个气候区公共建筑特别是单体建筑面积超过 2 万 m^2 的大型公共建筑节能，加强建筑节能在设计、施工、监理、质量监督、竣工验收等各环节相关责任主体的监管。建设部在 2005 年组织对原有的《民用建筑节能管理规定》进行了修订，在总结国内一些建筑节能工作推行经验的基础上，搜集、分析、借鉴了国外特别是发达国家建筑节能的成功实践，经过反复讨论修改，新的《民用建筑节能管理规定》以建设部令第 143 号予以发布，自 2006 年 1 月 1 日起施行。

新的《民用建筑节能管理规定》的主要措施有以下几个方面。

1）为适应建筑节能新形势，新规定扩大了调整范围

首先，为了便于建设系统和全社会对建筑节能含义的理解和掌握的需要，针对原《民用建筑节能管理规定》中没有对建筑节能做出定义的缺陷，新规定明确提出了建筑节能的定义，并强调了建筑节能是一种“合理、有效地利用能源的活动”。同时，从以下方面行了调整。

(1)扩大了适用范围

首先是扩大了适用地区。随着人们生活水平的提高,对建筑使用舒适度的要求越来越高,夏热冬冷地区要求冬季采暖、夏季制冷,夏热冬暖地区夏季制冷成为普遍现象,造成建筑能耗持续上涨,加强建筑节能管理非常迫切。新规定中把《民用建筑节能管理规定》的适用范围扩大到全国所有气候区。其次是扩大适用建筑类型。过去,建设部只颁布实施了居住建筑节能设计标准,2005年4月4日《公共建筑节能设计标准》颁布,全面加强民用建筑节能管理的条件已经具备。因此,新规定中把适用范围扩大到所有居住和公共建筑等民用建筑。

(2)扩大了能耗统计范围

建设部令第76号只规定对供热设备的能耗进行记录和上报,新规定中针对各气候区建筑物能源利用的不同,规定供热单位、房屋产权单位或者其委托的物业管理单位等有关单位应做好建筑物能源系统节能工作,按照对耗能设备运行的检测,严格管理环节。

2)明确各环节责任主体,实行全过程闭合管理

新规定中对原来的管理程序做了几方面的修改:

①设计施工图审查环节,规定设计施工图审查单位应对节能工程设计出具审查报告或签署审查意见;

②规定建设行政主管部门要对直接影响建筑节能性能的建筑物围护结构、供热采暖或制冷系统进行施工质量监督检查;

③要求房地产开发企业应当将所售商品住房的节能措施、围护结构保温性能指标等基本信息在销售现场显著位置予以公示,并在《住宅使用说明书》中予以载明;

④制定节能建筑运行管理标准和相应的管理制度,对擅自改变节能措施并影响他人利益的应责令其予以修复并承担相应的费用。

3)规划、标准、改造联动,全面推进建筑节能

建筑节能规划是一项系统工程,它是国家或本地区节能规划的一个子系统。新规定中明确提出:国务院建设行政主管部门根据国家节能规划,制定国家建筑节能专项规划;省、自治区、直辖市以及设区城市人民政府建设行政主管部门应当根据本地节能规划,制定本地建筑节能专项规划,并组织实施。同时,对城乡规划、节能标准、既有建筑节能改造也提出了要求。

(1)要求在城乡规划环节突出建筑节能

城乡规划是城乡建设的蓝图和依据,规范了城乡建设中能源、资源综合利用与节约的原则和方式,并与建筑节能有着密不可分的联系。因此,新规定中提出城乡各类规划应当就能源、资源的综合利用和节约对城镇布局、功能区设置、建筑特征、

基础设施配置的影响进行研究论证，提高建筑能源利用的效率。

（2）要完善建筑节能标准体系

建筑节能标准体系是否完善直接影响建筑节能工作开展的质量和效益。发达国家建筑节能水平高的一个重要因素是他们有一套完善的建筑节能标准体系，因此建立和完善建筑节能标准体系应是推动我国建筑节能工作的当务之急。新规定中提出：国务院建设行政主管部门根据建筑节能发展状况和技术先进、经济合理的原则，组织制定建筑节能相关标准，建立和完善建筑节能标准体系；省、自治区、直辖市人民政府建设行政主管部门应当严格执行国家民用建筑节能有关规定，可以制定严于国家民用建筑节能标准的地方标准或者实施细则。

（3）对既有建筑节能改造也提出要求

既有建筑节能改造长期以来一直是建筑节能工作的老大难问题，而建设部令第76号中并未明确提出既有建筑节能改造的方案。因此，新规定增加了这部分内容，提出国家鼓励多元化、多渠道投资既有建筑的节能改造，投资人可以按照协议分享节能改造的收益；鼓励研究制定本地区既有建筑节能改造资金筹措办法和相关激励政策；同时要求既有建筑节能改造应当考虑建筑物的寿命周期，要对改造的必要性、可行性以及投入收益比进行科学论证，并且节能改造要符合建筑节能标准要求，确保结构安全，优化建筑物使用功能。

4）加强用能系统管理，建立能耗统计制度

为了有效促进建筑物使用阶段的节能管理，确立了两项制度。

（1）建立了节能建筑运行管理制度

节能建筑的运行管理是保证建筑节能真正实现节能效益的终端环节。以往存在的一些“节能建筑不节能”现象，其本质是忽视了节能建筑运行过程中的管理。因此，新规定中提出了建立节能建筑运行管理制度，房屋所有权人或物业管理单位应建立用能档案，及时对设备和系统进行检测评价，并定期进行维护、保养、更新等措施。

（2）建立建筑能耗统计制度

根据发达国家的经验，建立建筑能耗统计制度可以从宏观上了解掌握建筑能耗的发展趋势，为控制建筑能耗增长，有效开展建筑节能工作提供翔实、可靠的数据资料。因此，新规定明确提出，供热单位、房屋产权单位或者其委托的物业管理等有关单位，应当记录并按有关规定上报能源消耗资料。

5）加强节能示范工程建设，推动建筑节能工作发展

自1999年建设部开展建筑节能试点示范工程（小区）以来，到2005年共批准实施节能试点示范五批，截至2007年这项工作结束，共计立项7批次，130余项

工程，示范面积约1500多万m^2；建成的建筑节能试点示范工程以点带面，对推动建筑节能工作起到积极作用。

（1）带动一批具有先进水平的节能技术体系与产品的发展，并在集成应用方面得以改进和提高，提升了建筑节能的科技水平；

（2）建立建筑节能设计标准体系，制定建筑节能专项规划和政策规章，初步形成建筑节能技术支撑体系；

（3）促进地方制定和完善建筑节能设计标准实施细则、操作规程、标准图集等一系列技术和管理制度，为建筑节能工作提供技术和管理保障；

（4）推进可再生能源在建筑中的规模化应用，推广适宜的节水技术，推进新型墙体材料和节能建材的生产及应用。

6）加强节能技术培训，提高履行职责能力

针对目前建筑设计、施工、监理、质检等方面的专业技术人员缺乏建筑节能专业知识，不能很好地执行建筑节能设计标准的现状，新规定明确：从事设计和审查的专业技术人员，应接受节能标准和技术的培训，其中注册建筑师、勘察设计注册工程师、监理工程师和建造师应把节能设计标准和节能技术作为继续教育的必修内容。

3.1.3.2 技术标准与规范

这一阶段，制定的技术标准和规范主要有下列几种。

（1）《夏热冬冷地区居住建筑节能设计标准》（JGJ 134—2001）

该标准适用于夏热冬冷地区新建、改建和扩建居住建筑的建筑节能设计，对夏热冬冷地区居住建筑从建筑热工和暖通空调设计方面提出了节能措施要求，并明确了规定性控制指标和性能性控制指标。该标准的实施，可以降低建筑使用能耗50%以上，改善和提高居住环境质量，带动相关新型建筑墙体、节能门窗、采暖空调、太阳能新能源等产业的发展，具有显著的社会效益、经济效益和环境效益。

该标准的指标有规定性控制指标，即规定该地区居住建筑围护结构传热系数限值；性能性控制指标（节能综合指标），即规定居住建筑每平方米建筑面积允许的采暖空调设备能耗指标。其规定性指标操作容易、简便；性能性指标则给设计者更多、更灵活的余地。夏热冬冷地区居住建筑采暖空调的传热是非稳定传热过程，所以应用性能性指标时，要应用动态模拟软件进行全年逐时能耗计算。

（2）《采暖居住建筑节能检验标准》（JGJ 132—2001）

为了贯彻国家有关节约能源的法律、法规和政策，检验采暖居住建筑的实际节能效果，制定该标准。该标准适用于严寒和寒冷地区设置集中采暖的居住建筑及节能效果检验。检验时，除应符合该标准外，尚应符合国家现行有关强制性标准的规定。

（3）《夏热冬暖地区居住建筑节能设计标准》（JGJ 75—2003）

与中部夏热冬冷地区的标准相比，该标准没有对某一地区给定一个固定的每平方米建筑面积允许的空调、采暖设备能耗指标，而是给出一个相对的能耗限值。具体做法是，首先根据建筑师设计的建筑形状，按照规定性指标中规定的参数计算出该建筑的采暖空调能耗限值。然后，根据建筑实际参数，改变围护结构传热系数、窗的类型等计算能耗，直至小于能耗限值。这样，不管是单层的别墅、低层连体别墅，还是多层及高层住宅，都有一个合理的计算能耗限值的基础。

（4）《外墙外保温工程技术规程》（JGJ 144—2004）

为规范外墙外保温工程技术要求，保证工程质量，做到技术先进、安全可靠、经济合理，制定该规程。该规程适用于新建居住建筑的混凝土和砌体结构外墙外保温工程。

（5）《民用建筑太阳能热水系统应用技术规范》（GB 50364—2005）

为使民用建筑太阳能热水系统安全可靠、性能稳定、与建筑和周围环境相协调，规范太阳能热水系统的设计、安装和工程验收，保证工程质量，制定该规范。该规范适用于城镇中使用太阳能热水系统的新建、扩建和改建的民用建筑，以及改造既有建筑上已安装的太阳能热水系统和在既有建筑上增设太阳能热水系统。

（6）《公共建筑节能设计标准》（GB 50189—2005）

这是我国批准发布的第一部公共建筑节能设计的综合性国家标准。该标准规定的公共建筑空气调节系统室内计算参数是：一般房间冬季温度为20℃，夏季为25℃；而大堂、过厅冬季温度是18℃，夏季室内外温差不大于10℃。按照这样的参数设计，商场、写字楼等冬热夏冷的高耗能情况将会大为减少。

该标准适用于新建、扩建和改建的公共建筑的节能设计。通过改善建筑围护结构保温、隔热性能，提高采暖、通风、空调设备、系统的能效比，采取增进照明设备效率等措施，在保证相同的室内热环境舒适参数条件下，与20世纪80年代初设计建成的公共建筑相比，全年采暖、通风、空调和照明的总能耗可减少50%。

该标准的发布实施，标志着我国建筑节能工作在民用建筑领域全面铺开，是大力发展节能省地型住宅和公共建筑，制定并强制推行更加严格的节能、节材、节水标准的一项重大举措，对缓解我国能源短缺与经济社会发展的矛盾必将发挥重要作用。

（7）《地源热泵系统工程技术规范》（GB 50366—2005）

该规范适用于以岩土体、地下水、地表水为低热热源，以水或添加防冻剂的水溶液为传热介质，采用蒸汽压缩热泵技术进行供热、空调或加热生活热水的系统工程的设计、施工及验收。

3.1.3.3 主要成就

在第三阶段，各地按照党中央、国务院节能减排工作的总体部署，普遍加强了建筑节能工作的力度，建筑节能工作取得了一定成就。

（1）新建建筑执行节能设计标准情况有较大进步

①新建建筑要求按节能设计标准设计，节能建筑的比例不断提高。截至2005年底，各地建设项目在设计阶段执行节能设计标准的比例为57.7%；施工阶段执行节能设计标准的比例为20.8%。全国共建成节能建筑面积为10.6亿m^2，占全国城镇既有建筑面积比例为7%，其中北方寒冷地区比例为11.30%，夏热冬冷地区为3.8%，夏热冬暖地区为2.4%。节能建筑占城镇建筑总量的比重逐步增加。

②部分省市已提前实施节能65%的设计标准。北京、天津、山东、河南、沈阳、大连等省市已率先执行节能65%的设计标准，河北、甘肃、上海、重庆等省市也准备全面实施节能65%的设计标准。

（2）可再生能源在建筑中规模化应用势头逐步显现，应用面积不断扩大

全国大部分省市都对本地区可再生能源资源条件和利用条件进行了调查研究，部分省市确定了“十一五”的目标，出台了推广应用的标准规范，研发和集成了技术产品，出台了经济激励政策，并结合建设部、财政部可再生能源在建筑中应用的示范工作，组织了本地区的可再生能源建筑应用的推广。截至2005年底，全国城镇太阳能光热应用建筑面积为2.3亿m^2，浅层地能热泵技术应用建筑面积2650万m^2。

（3）城镇供热体制改革工作稳步推进

①北方地区基本完成采暖费“暗补”变“明补”的省份已占北方采暖地区的60%，其他省份均制订了“十一五”全面实施改革的计划。地级以上城市有65%完成了热费改革。

②各地高度重视低收入群体的采暖保障问题，普遍实施了冬季采暖保障措施，并逐步制度化，有效促进了社会稳定和改革的顺利进行。

③各地紧紧围绕建筑节能主体，开展了供热计量试点示范，在提高供热效率、节能降耗、创新管理机制方面进行了有益的探索。

（4）建筑节能体制机制建设取得明显进展

①制定了建筑节能规划，明确了工作目标，全国有28个省市制定了“十一五”建筑节能专项规划，提出了“十一五”期间建筑节能的目标和思路，制定了工作措施，为推进建筑节能工作明确了方向和重点。

②大部分省市均出台了地方法规规章，全国有20个省市出台了地方法规，28

个省市出台了政府令，在建筑节能管理机构、制度、责任等方面做了规定。

③建筑节能工作协调机制不断完善，部分地区成立了建筑节能领导小组，政府分管领导任组长，建设、发改（经贸）、财政、环保、科技等部门参加，定期召开联席会议，在研究解决体制机制、财政投入、税费优惠等方面问题发挥了重要作用。

3.1.3.4 存在的问题

各地在大力发展建筑节能，取得成就的同时，也遇到一些需要解决的问题。

(1)相关主体节能意识薄弱

建筑节能是一项系统工程，从建筑的规划设计，到建筑的施工建设，直到竣工后使用的每一个环节都关系到是否实现节能目标。建筑节能领域涉及的相关主体有政府部门、房地产开发商、业主或使用者、规划设计单位、材料设备供应商、施工单位、监理单位、物业管理单位等。

同时，由于建筑节能是一项长期工程，无法体现官员的当期政绩，因此，政府部门缺乏将节能知识快速普及的意识，缺乏支持建筑节能新技术、新材料和新产品推广应用的意识，缺乏对节能标准贯彻实施的监管意识，致使不能有效地推动建筑节能战略的实施。

(2)建筑节能信息流通不畅

首先，在房地产开发市场上，建筑节能新技术、新材料和新产品的研发信息，无法快速传递给开发商和设计单位，致使传统建筑技术仍占据市场主要地位，节能新技术和新产品的推广应用受阻。其次，在房地产交易市场上，供给方与需求方之间关于建筑质量、功能和性能等方面的信息严重不对称，需求方很难准确判断建筑物中围护结构、采暖及空调设施是否具备节能性能，整个建筑是否达到节能标准，哪些建筑产品可称为节能建筑，哪些不能称为节能建筑，只知道市场上建筑产品的平均质量。因而，只愿意根据平均质量支付价格，市场上的逆向选择由此产生，价格低廉的普通建筑逐渐将节能建筑挤出交易市场，节能建筑在市场上的地位受阻。建筑节能市场信息的不完全和不充分，严重阻碍了建筑节能市场的培育和完善。

(3)建筑节能管理体制不健全

若想全面有效地实施建筑节能战略，关键是必须建立一套健全的建筑节能管理体制，其内容应该包括：建筑能耗评估体系、节能产品认证体系、节能技术研发体系、节能标准宣贯体系和标准实施监管体系等。但是，我国目前上述体系尚未得到建立和完善，不规范的管理体制严重阻碍了建筑节能工作的开展，主要表现为：首先，人们对于节能建筑的评价缺乏科学依据，这也是消费者陷入建筑产品选择困境的原因之一；其次，上下级之间关系不协调，上级部门难以对下级单位节能标准的贯彻情况及时进行监督和管理；再次，建筑节能某些环节脱节，由于缺乏统一的管理机构，同是开展建筑节能工作的相关机构却归属于不同的部门管理，无法将各自的工作相互衔接，例如，当时在国内广泛推行的墙体材料革新工作，属于建筑节能工作的一个重要环节，但是由于归属于不同的部委（建筑节能由建设部负责，墙体材料革新由国家经济贸易委员会负责），没有做到与建筑节能工作之间的紧密结合，双方矛盾较多，无法取得应有的效果。

（4）建筑节能经济激励政策缺乏

从世界各国的经验看，建筑节能是社会公益性较强的领域，即市场机制失灵的领域，仅仅依靠市场机制是不能奏效的，只有通过政策并充分运用法律、行政及经济激励等手段才能引导、规范和促进该项工作的开展。但从宏观层次看，国家正在实施的财政政策、货币政策中所涉及的重点领域未包括建筑节能领域；从微观层次看，国家尚未出台促进建筑节能工作的专门政策和法规，现有的《中华人民共和国节约能源法》对建筑节能仅有原则性规定，难以操作。目前开展的建筑节能工作仅靠建筑节能设计标准这种单一手段，缺乏对建筑节能的实质性的经济激励政策和必要的资金支持，而标准规范实际上对开发商和消费者这两大建筑节能主体并没有强制作用，因此节能效果不显著。由于建筑节能工作需要大量的资金投入，若不制定财政税收类的经济激励政策，而是单纯依靠建筑节能立法和标准的强制性推行，难以推动开发商和消费者的自觉行为，建筑节能战略必将进展缓慢。

（5）供热收费体制阻碍

降低采暖能耗是建筑节能的重点环节，只有提高用户的采暖节能意识，才能真正推进建筑节能的步伐。目前我国北方城市建筑采暖方式大多以热电联产集中供热和区域锅炉房为主，以燃气、电中央空调以及其他方式为补充的供热格局，但集中供热收费依然采用的是计划经济体制下的福利型“包烧制”，即按建筑面积计算采暖费，耗能多少与用户利益无关。而且目前的供热系统多数采用垂直单管串联方式，用户无法自行调控供热量，外网也不能适应系统动态调节控制，致使能源浪费严重。在这种收费体制下，供热企业缺乏自主经营的动力，无法满足用户对热舒适程度的要求，用户也没有节约采暖用能的积极性。按照用热量收费的建筑采暖计量收费是城镇供热体制改革的目标，也是节约能源、改善室内热环境、提高居民生活舒适度、保护生态环境的有力举措。只有加快城镇供热体制改革步伐，全面实现供热计量收费，才能体现出节能的经济效益，激发广大居民建筑节能的积极性。

3.1.4 第四阶段（2006年至今）：全面开展阶段

随着建筑节能工作全面、深入地开展和党中央、国务院对节能减排工作的高度重视，2006年上半年，全国人大常委会启动了对《中华人民共和国节约能源法》

的修订工作，在此之前的 2005 年上半年，建设部也会同国务院法制办开始了国务院《民用建筑节能条例》的起草、论证工作，而建设部《民用建筑节能管理规定》（建设部令第 143 号）为上述两个法律法规的修改和起草奠定了坚实的基础。及时将建筑节能纳入《中华人民共和国节约能源法》和《民用建筑节能条例》，做出法律性条文规定和法规性制度设计，可以促使建筑节能尽快走上法律化、制度化、规范化的轨道。因此，建设部主要领导和分管领导、司局负责同志和有关专家高度重视建筑节能立法工作，指派有关同志参与了《中华人民共和国节约能源法》的修订工作，积极向全国人大常委会领导、财经委员会领导以及法律修订小组汇报反映建筑节能的实际情况，建议所应采取的法律措施等。在各级领导的重视和关怀指导下，在建设系统广大职工和全社会的支持下，经过缜密细致的调查研究、分析论证，新修订的《中华人民共和国节约能源法》，以及《民用建筑节能条例》、《公共机构节能条例》等法律法规，均对建筑节能进行了强制性的明确规定。与此同时，许多省、市人大常委会或当地政府也都制定了结合当地实际情况的地方建筑节能法律和法规制度。建筑节能的法律法规体系建设正在稳步、健康地向前发展。建筑节能工作迈上了新的台阶。

3.1.4.1　政策与法规

《中华人民共和国节约能源法》由第十届全国人民代表大会常务委员会第三十次会议于 2007 年 10 月 28 日修订通过，自 2008 年 4 月 1 日起施行。新修订的《中华人民共和国节约能源法》成为建筑节能的上位法。其中第三章“合理使用与节约能源”中将“建筑节能”单列为第三节，并对建筑节能的监督管理机构、建筑节能规划编制、建筑节能标准的执行、节能技术信息的公示、公共建筑室内采暖空调温度的控制、实行按用热量计量收费制度、加强城市节约用电管理、新型节能墙体建筑材料和节能设备的推广、太阳能等可再生能源利用等做出了明确的规定，并在法律责任一章中对于违反的行为规定了相应的处罚措施。

2008 年 8 月 1 日，国务院发布《民用建筑节能条例》（中华人民共和国国务院令第 530 号），自 2008 年 10 月 1 日起施行。

2008 年 8 月 1 日，国务院发布《公共机构节能条例》（中华人民共和国国务院令第 531 号），自 2008 年 10 月 1 日起施行。

2008 年 10 月 20 日，住房与城乡建设部科技发展促进中心发布《关于组织申报“绿色建筑设计评价标识”的通知》，开始受理绿色建筑设计评价标识的申报。

2009 年 3 月 23 日，财政部印发《太阳能光电建筑应用财政补助资金管理暂行办法》的通知（财建〔2009〕129 号）。对太阳能光电建筑进行补助，2009 年补助标准原则上定为 20 元 /Wp。

2010年8月23日，住房与城乡建设部发布《绿色工业建筑评价导则》，作为开展绿色工业建筑评价，指导我国现阶段绿色工业建筑的规划设计、施工验收和运行管理的依据。

2011年3月8日，财政部、住房城乡建设部印发《关于进一步推进可再生能源建筑应用的通知》，到2020年，实现可再生能源在建筑领域消费比例占建筑能耗的15%以上。"十二五"期间，开展可再生能源建筑应用集中连片推广，进一步丰富可再生能源建筑应用形式，积极拓展应用领域，力争到2015年底，新增可再生能源建筑应用面积25亿m^2以上，形成常规能源替代能力3000万tce。

2011年9月9日，住房和城乡建设部建筑节能与科技司印发《农村住房建设技术政策（试行）》的通知，来指导农村住房规划建设和管理。

2012年4月9日，财政部印发《夏热冬冷地区既有居住建筑节能改造补助资金管理暂行办法》（财建〔2012〕148号）通知，中央财政对2012年及以后开工实施的夏热冬冷地区既有居住建筑节能改造项目给予补助。

2012年5月14日，住房和城乡建设部印发《绿色超高层建筑评价技术细则》的通知。

2014年5月21日，住房和城乡建设部、工业和信息化部联合发布《绿色建材评价标识管理办法》，开展绿色建材评价标识工作。

2014年5月15日国务院办公厅发布了《2014—2015年节能减排低碳发展行动方案》（国办发〔2014〕23号）。其工作目标为：2014—2015年，单位GDP能耗、化学需氧量、二氧化硫、氨氮、氮氧化物排放量分别逐年下降3.9%、2%、2%、2%、5%以上，单位GDP二氧化碳排放量两年分别下降4%、3.5%以上。

3.1.4.2 技术标准与规范

近几年，随着我国建筑节能工作的深入开展，技术标准和规范的建设也加快了步伐，陆续出台了一些重要的技术标准与规范，这些技术标准与规范在建筑节能发展过程中起到了非常关键的指导和规范作用。

1)《绿色建筑评价标准》(GB/T 50378—2006)

为贯彻执行节约资源和保护环境的国家技术经济政策，推进可持续发展，规范绿色建筑的评价，制定该标准。该标准适用于评价住宅建筑和办公建筑、商场、宾馆等公共建筑。该标准对绿色建筑、热岛强度等术语进行了定义，建立绿色建筑评估指标体系，对绿色建筑评估指标体系的各类指标规定具体的要求。该标准于2006年6月1日起实施。

2)《建筑节能工程施工质量验收规范》(GB 50411—2007)

该规范是第一部以达到建筑节能设计要求为目标的施工质量验收规范，它具有五个明显的特征：

①明确了 20 个强制性条文，按照有关法律和行政法规，工程建设标准的强制性条文，必须严格执行，这些强制性条文既涉及过程控制，又有建筑设备专业的调试和检测，是建筑节能工程验收的重点；

②规定了对进场材料和设备的质量证明文件进行核查，并对各专业主要节能材料和设备在施工现场抽样复验，复验为见证取样送检；

③推出了工程验收前对外墙节能构造现场实体检验，严寒、寒冷和夏热冬冷地区的外窗气密性现场实体检验和建筑设备工程系统节能性能检测；

④将建筑节能工程作为一个完整的分部工程纳入建筑工程验收体系，使涉及建筑工程中节能的设计、施工、验收和管理等多个方面的技术要求有了充分的依据，形成从设计到施工和验收的闭合循环，使建筑节能工程质量得到控制；

⑤突出了以实现功能和性能要求为基础、以过程控制为主导、以现场检验为辅助的原则，结构完整、内容充实，对推进建筑节能目标的实现将发挥重要作用。

该规范适用的对象将是全方位的，是参与建筑节能工程施工活动各方主体必须遵守的，是管理者对建筑节能工程建设、施工依法履行监督和管理职能的基本依据，同时也是建筑物的使用者判定建筑是否合格和正确使用建筑的基本要求。

3)《民用建筑能耗数据采集标准》(JGJ/T 154—2007)

为加强我国能源领域的宏观管理和科学决策，指导和规范我国的建筑耗能数据采集工作，促进我国建筑节能工作的开展，制定该标准。该标准适用于我国城镇居民建筑使用过程中各类能源消耗数据的采集和报送。

4)《国家机关办公建筑和大型公共建筑能源审计导则》

为提高建筑能源管理水平，进一步节约能源、降低水资源消耗、合理利用资源，特制定该导则。该导则适用于国家机关(包括人大、政协、党委)办公建筑、单体建筑 2 万 m^2 以上的大型公共建筑(特别是政府投资管理的宾馆和列入国家采购清单的三星级以上酒店以及商用办公楼)和总建筑面积超过 2 万 m^2 的大学校园。

5)《太阳能供热采暖工程技术规范》(GB 50495—2009)

为使太阳能供热采暖工程设计、施工及验收，做到技术先进、经济合理、安全适用和保证工程质量，制定该规范。该规范适用于新建、扩建和改建民用建筑中使用太阳能供热采暖系统的工程，以及在既有建筑上改造或增设太阳能供热采暖系统的工程。

6)《公共建筑节能检测标准》(JGJ/T 177—2009)

为了加强对公共建筑的节能监督与管理，配合公共建筑的节能验收，规范建筑节能检验方法，促进我国建筑节能事业健康有序的发展，制定该标准。该标准适用于公共建筑各项性能的节能检验。

7)《可再生能源建筑应用示范项目数据监测系统技术导则》

为了掌握住房和城乡建设部、财政部组织实施的可再生能源建筑应用示范项目的实际运行效果，指导示范项目的运行管理，为我国可再生能源建筑规模化应用提供基础数据支撑和经验储备，加快可再生能源建筑应用的推广，推动相关技术进步，制定该技术导则。该导则适用于住房和城乡建设部、财政部已审批的可再生能源建筑应用示范项目、太阳能光电建筑应用示范项目以及可再生能源建筑应用城市和农村地区示范中包含的建设项目，其他可再生能源建筑应用项目的数据监测系统的建设可以参考该技术导则。该导则不适用于任何用于贸易结算和计费的数据监测系统的建设。

8)《居住建筑节能检测标准》(JGJ/T 132—2009)

为配合居住建筑的节能验收，规范建筑节能检测工作有序开展，制定该标准。该标准适用于新建、扩建、改建居住建筑的节能检测。

9)《严寒和寒冷地区居住建筑节能设计标准》(JGJ 26—2010)

该标准适用于各类居住建筑，其中包括住宅、集体宿舍、住宅式公寓、商住楼的住宅部分、托儿所、幼儿园等；采暖能源包括采用煤、电、油、气或可再生能源，系统则指集中或分散方式供热。该标准的实施，既可节约采暖用能，又有利于提高建筑热舒适性，改善人民的居住环境。

10)《夏热冬冷地区居住建筑节能设计标准》(JGJ 134—2010)

该标准主要是对夏热冬冷地区居住建筑从建筑、围护结构和暖通空调设计方面提出节能措施，对采暖和空调能耗规定控制指标。

11)《民用建筑太阳能光伏系统应用技术规范》(JGJ 203—2010)

该规范是为规范太阳能光伏系统在民用建筑中的推广应用，促进光伏系统与建筑结合而制订的。该规范适用于新建、改建和扩建的民用建筑光伏系统工程，以及在既有民用建筑上安装或改造已安装的光伏系统工程的设计、安装、验收和运行维护。

12)《被动式太阳能建筑技术规范》(JGJ/T 267—2012)

2012 年 1 月 6 日，住房和城乡建设部发布行业标准《被动式太阳能建筑技术规范》(JGJ/T 267—2012)，自 2012 年 5 月 1 号实施。

13)《绿色工业建筑评价标准》(GB/T 50878—2013)

2013 年 8 月 8 日，住房和城乡建设部发布国家标准《绿色工业建筑评价标准》(GB/T 50878—2013)，自 2014 年 3 月 1 号实施。

14)《绿色建筑评价标准》(GB/T 50378—2014)

住房和城乡建设部于 2014 年 4 月 15 日发布第 408 号公告，批准《绿色建筑评价标准》为国家标准，编号为 GB/T 50378—2014，自 2015 年 1 月 1 日起实施，原《绿色建筑评价标准》(GB/T 50378—2006)同时废止。

《绿色建筑评价标准》(GB/T 50378—2014)共分 11 章，主要技术内容是：总则、术语、基本规定、节地与室外环境、节能与能源利用、节水与水资源利用、节材与材料资源利用、室内环境质量、施工管理、运营管理、提高与创新。其对于原《绿色建筑评价标准》(GB/T 50378—2006)修订的重点内容包括：

(1)适用建筑类型

《绿色建筑评价标准》(GB/T 50378—2014)的适用范围，由原《绿色建筑评价标准》(GB/T 50378—2006)中的住宅建筑和公共建筑中的办公建筑、商场建筑和旅馆建筑，进一步扩展至民用建筑各主要类型。

(2)评价阶段划分

原《绿色建筑评价标准》(GB/T 50378—2006)要求评价应在建筑投入使用一年后进行。但在随后发布的《绿色建筑评价标识实施细则(试行修订)》(建科综〔2008〕61 号)中，已明确将绿色建筑评价标识分为“绿色建筑设计评价标识”(规划设计或施工阶段，有效期 2 年)和“绿色建筑评价标识”(已竣工并投入使用，有效期 3 年)。而且，经过多年的工作实践，证明了这种分阶段评价的可行性以及对于我国推广绿色建筑的积极作用。因此，《绿色建筑评价标准》(GB/T 50378—2014)在评价阶段上也作了划分，便于更好地与相关管理文件配合使用。

(3)评价指标体系

指标大类方面，在原《绿色建筑评价标准》(GB/T 50378—2006)中节地与室外环境、节能与能源利用、节水与水资源利用、节材与材料资源利用、室内环境质量和运营管理 6 大类指标的基础上，《绿色建筑评价标准》(GB/T 50378—2014)增加了施工管理，更好地实现了对建筑全生命期的覆盖。

(4)评价定级方法

根据对于原《绿色建筑评价标准》(GB/T 50378—2006)的修订意见和建议，修订组在第一次工作会议上就确定了采用量化评价手段。经反复研究和讨论，《绿色建筑评价标准》(GB/T 50378—2014)的评价方法定为逐条评分后分别计算各类指标得分和加分项附加得分，然后对各类指标得分加权求和并累加上附加得分计算出总得分。等级划分则采用“三重控制”的方式：首先仍与原《绿色建筑评价标准》(GB/T 50378—2006)一致，保持一定数量的控制项，作为绿色建筑的基本要求；其次每类指标设固定的最低得分要求；最后再依据总得分来具体分级。

3.1.4.3 主要成就

近几年，各地按照党中央、国务院节能减排工作的总体部署，普遍加强了建筑节能工作的力度，建筑节能工作取得了良好的进展，具体表现如下。

（1）控制增量，新建建筑执行节能强制性标准成效显著

根据各地上报的数据汇总，2005年，各地建设项目在设计阶段执行节能设计标准的比例为57.7%，施工阶段执行节能设计标准的比例为23.8%。到2009年底，全国城镇新建建筑设计阶段执行节能强制性标准的比例为99%，施工阶段执行节能强制性标准的比例为90%，基本完成国务院提出的“新建建筑施工阶段执行节能强制性标准的比例达到90%以上”的工作目标。北京、天津、河北、河南、辽宁、吉林、黑龙江、青海等省市新建建筑全部或部分实施65%节能标准。

（2）调整存量，北方采暖地区既有建筑供热计量及节能改造稳步推进

截至2009年采暖季前，北方15个省市已经完成节能改造面积共计10949万m^2，其中2009年完成改造面积6984万m^2，超额完成了国务院确定的6000万m^2年度改造任务。据测算，完成节能改造的项目每年可节约75万tce，减排二氧化碳200万吨。通过对既有建筑的节能改造，采暖期室内温度提高了3～6℃，部分项目提高了10℃以上，室内热舒适度明显改善。天津、河北、山东、山西、内蒙古、吉林、甘肃等地部分改造项目同步实施按热量计量收费，住户平均节省热费支出10%以上，初步形成了有利于改造的群众基础。

财政部根据实地核查结果，下拨奖励资金12.7亿元，用于对改造项目的补助。上海、江苏、湖南、深圳等省市开展了既有建筑节能改造工作，对过渡地区和南方地区开展这项工作进行了探索和实践。

（3）节能监管，国家机关办公建筑和大型公共建筑节能运行与改造服务体系建设继续深入

截至2009年底，全国共完成国家机关办公建筑和大型公共建筑能耗统计29359栋，确定重点用能建筑2647栋，完成能源审计2175栋，公示了2441栋建筑的能耗状况。北京、天津、深圳能耗监测平台均已通过验收。全国已对758栋建筑的能耗进行了实时动态监测。第一批12所节约型校园建设试点单位工作稳步推进，效果明显，人均能耗与2005年72所教育部直属的高校人均能耗相比，节能60%以上。2009年又确定了18所大学作为节约型校园建设试点。中央财政安排1.7亿元，对先期开展节能监管体系建设的24个示范省市之外的其他地区给予经费补助，确定江苏、内蒙古、重庆为第二批能耗监测平台建设试点。

（4）优化结构，可再生能源建筑一体化、规模化应用取得突破

财政部、住房和城乡建设部根据党中央国务院“扩内需、保增长、调结构、促民

生"的战略部署和可再生能源建筑应用发展形势的需要，适时调整了示范方式和内容，启动我国"太阳能屋顶计划"。2009 年，支持了 111 个太阳能光电建筑应用示范项目，总装机容量 91MV。组织实施"可再生能源建筑应用城市示范"和"农村地区可再生能源建筑应用示范"工作，确定了第一批 21 个示范城市和 38 个农村地区县级示范，推进可再生能源建筑应用工作方式从抓单个项目转向了抓区域整体，统筹兼顾城市与农村。截至 2009 年底．全国太阳能光热应用面积 11.79 亿 m^2，浅层地能应用面积 1.39 亿 m^2，分别比 2008 年增长 14.2%和 35.4%。光电建筑应用装机容量 420.9MW，实现突破性增长。

（5）模式转变，推进建筑节能工作实现转型与升级

按照国务院要求，一些省市把推广绿色建筑、低碳生态城市区域建设作为促进城乡建设模式转变的重要抓手，认真组织申报和实施"低能耗建筑和绿色建筑双百工程"和"绿色建筑评价标识"工作，同时结合地区实际编制绿色建筑评价标准、组织绿色建筑示范工程等，不断加大绿色建筑的推广力度。天津中新生态城、深圳光明新区、河北唐山曹妃甸新城、江苏苏州工业园区、湖南长株潭和湖北武汉资源节约环境友好配套改革试验区等正在进行低碳生态城区建设实践，大连市大力发展环境友好型住宅，每年推广 100 万 m^2，占全市竣工面积的 20%。实现了新建建筑节能水平的提高和节能模式的转变。

（6）质量控制，建筑节能材料和产品应用水平不断提高

各地围绕落实《住房和城乡建设部、国家工商行政管理总局、国家质量技术监督检验检疫总局关于加强建筑节能材料和产品质量监督管理的通知》（建科〔2008〕147 号），通过采取市场抽查、巡查和专项检查，建立材料产品备案、登记、公示制度，发布推广、限制和淘汰目录，建立舆论监督和考核评价机制等方式，初步建立起建筑节能材料和产品质量监管的长效机制，建筑节能材料和产品在生产、流通和使用环节存在的问题初步得到纠正，有效保证了建筑节能工程质量。墙体材料革新工作取得积极成效，管理体制进一步理顺，相关规章制度、标准规范体系进一步完善，新型墙体材料产量占墙体材料总产量的比重为 61%，应用比例达到 60%。

3.1.4.4 存在的问题

建筑节能工作作为一项技术性和政策性很强的系统工程，其全面实施在我国时间不长，整体发展水平不高，现今依然存在着不少问题，具体表现在以下几个方面。

（1）部分地方政府对建筑节能工作的认识不到位

①对建筑节能发展趋势认识还不到位。部分省市抓建筑节能仍然局限在新建建筑执行节能标准方面，对发展绿色建筑、既有建筑节能改造、供热计量改革、可再生能源建筑应用等工作认识不足，工作相对滞后。

②对建筑节能的考核没有纳入政府层面，部分省（区、市）对建筑节能的考核评价仍局限在住房城乡建设系统内部，没有纳入本地区单位GDP能耗下降目标考核体系，使相关部门难以形成合力，相应的政策、资金难以落实。

③对建筑节能能力建设重视不够，部分省级住房城乡建设主管部门建筑节能管理人员只有1～2人，没有专门的管理和执行机构，各项政策制度的落实大打折扣。

④建筑节能监管尤其是施工及竣工验收阶段的监管还有待强化。在连续多年开展的检查中所发现的违反节能标准强制性条文的民用建筑项目，主要问题是在施工阶段随意变更设计、偷工减料、施工工艺不过关等，影响了节能标准的落实。

（2）建筑节能各项管理制度尚不健全

①法律层面，要使《中华人民共和国节约能源法》、《民用建筑节能管理条例》真正得到落实，需要制定一系列具有操作性的部门规章或规范性文件，各地也要结合本地实际制定地方性法规和实施细则。目前，这方面工作才刚刚启动。

②经济政策层面，建筑节能工作要实现由政府单方面强制推进转变到政府监管与市场引导相结合推动，需要必要的财政补贴、税费优惠、贷款贴息等经济政策。中央财政2009年共安排专项补助资金38.5亿元，并要求地方政府予以配套支持。从检查结果看，各地对建筑节能的经济支持力度有所提高，但远远不够，尤其是北方采暖地区既有居住建筑供热计量及节能改造工作方面，各地需进一步加大支持力度。

（3）新建建筑执行节能标准的水平有待进一步提高

①建筑节能标准的执行存在不平衡。总的来说，执行建筑节能标准，施工阶段比设计阶段差，中小城市比大城市差，经济欠发达地区比经济发达地区差。

②施工阶段执行节能强制性标准还有差距。相关从业人员对《建筑节能工程施工质量验收规范》（GB 50411—2014）没有准确掌握，建筑节能工程施工过程中，外墙、门窗等保温工程施工工艺不过关，存在质量隐患。各地尤其是地级以下城市普遍缺乏建筑节能材料、产品的节能性能检测能力，造成政府监管缺位。

（4）北方地区既有建筑节能改造工作任重道远

①改造进度相对缓慢。虽然已经完成了“十一五”期间1.5亿m^2的改造任务，“十二五”期间4亿m^2的改造任务也基本完成，但是北方采暖地区城镇仍有70多亿m^2的现有非节能建筑亟须改造。

②改造融资渠道尚未建立。从目前各地进展看，基本上还是依靠中央及地方财政资金推动工作的开展，供热企业、居民、能源服务公司、金融机构等多渠道筹措资金的机制尚未建立。

③供热计量收费制度滞后，改造收益无法充分体现。目前多数地方还没有实

行热计量收费制度，已经安装的供热计量装置存在浪费现象。

（5）农村建筑节能工作尚未启动

目前，我国广大农村地区的建筑节能工作尚未开展。随着农村生活水平的不断改善，使用商品能源和用能水平将不断提高，需采取措施，引导其科学发展。

（6）可再生能源在建筑中的应用进度缓慢

我国是目前世界上最大的太阳能光伏电池生产国，但 80% 的产品都进行出口，在国内建筑应用的比率依然很低。原因在于太阳能热水器与建筑一体化设计标准至今尚未出台，虽然原建设部于 1995 年就已经发文推广可再生能源在建筑中的应用，但由于相关部门缺乏有效的激励手段，至今仍处于试点阶段。

3.1.5 小结

经过几十年，特别是近几年的发展，我国发展建筑节能的机制体制不断完善，具体表现在建筑节能法规体系基本形成，建筑节能技术标准体系不断完善，建筑节能经济激励政策不断完善，建筑节能统计考核制度开始建立，如图 3-1 ～图 3-4 所示。

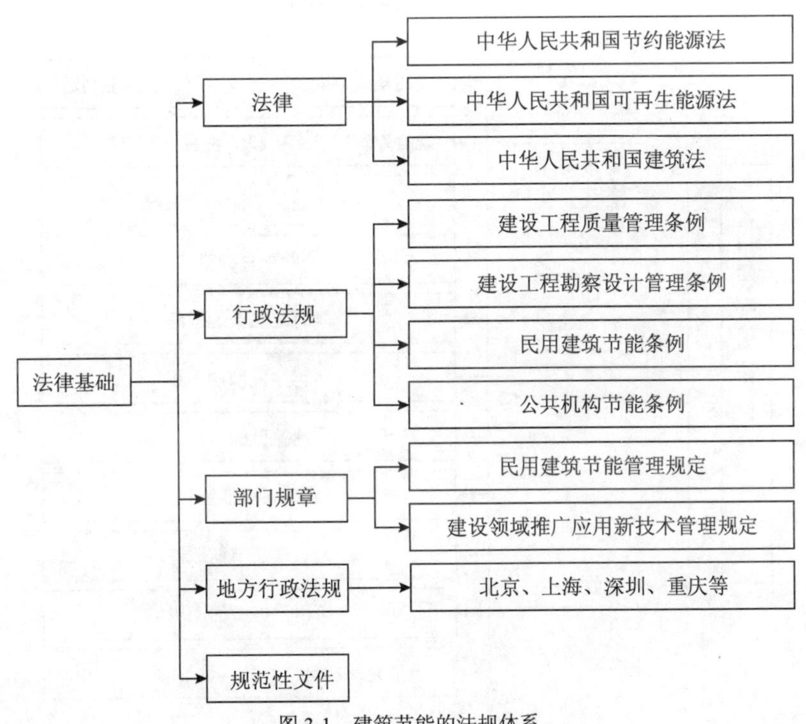

图 3-1 建筑节能的法规体系

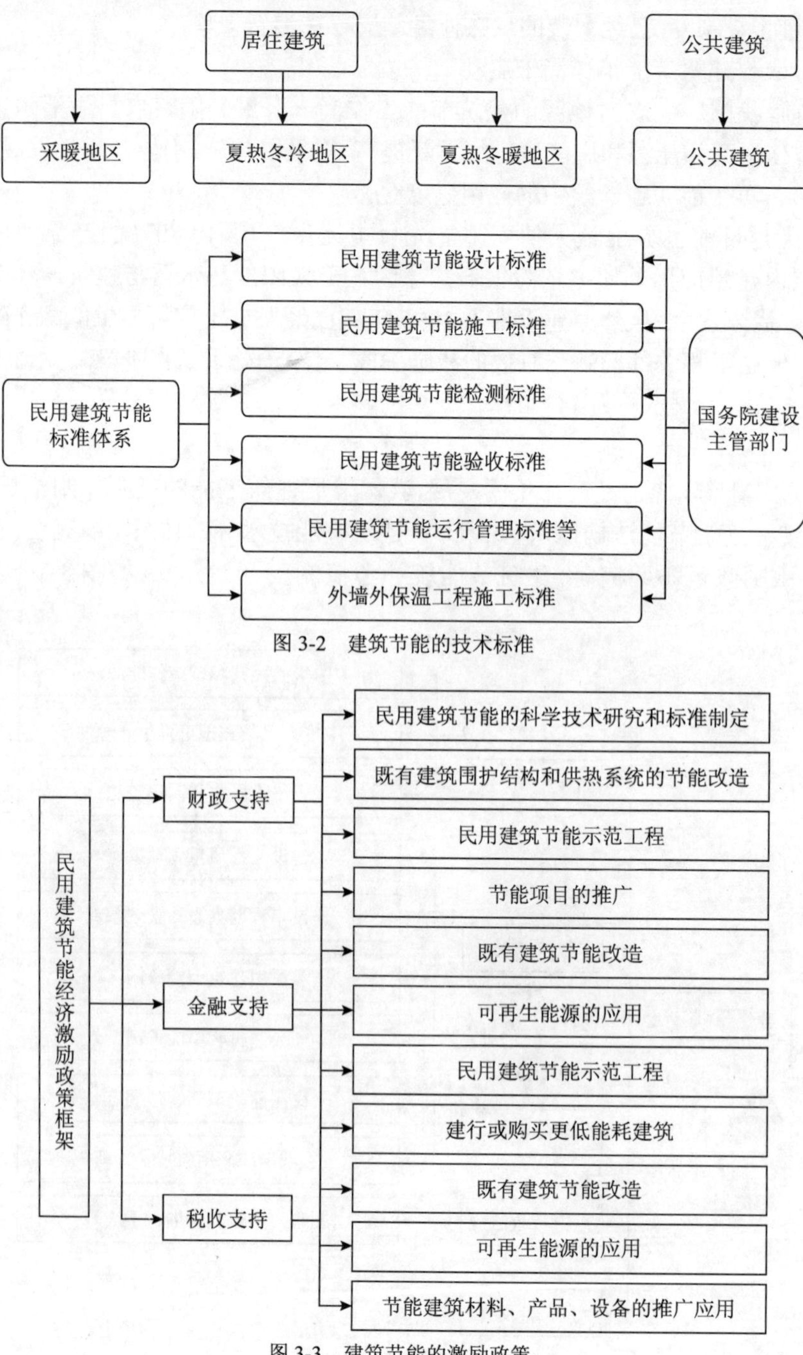

图 3-2 建筑节能的技术标准

图 3-3 建筑节能的激励政策

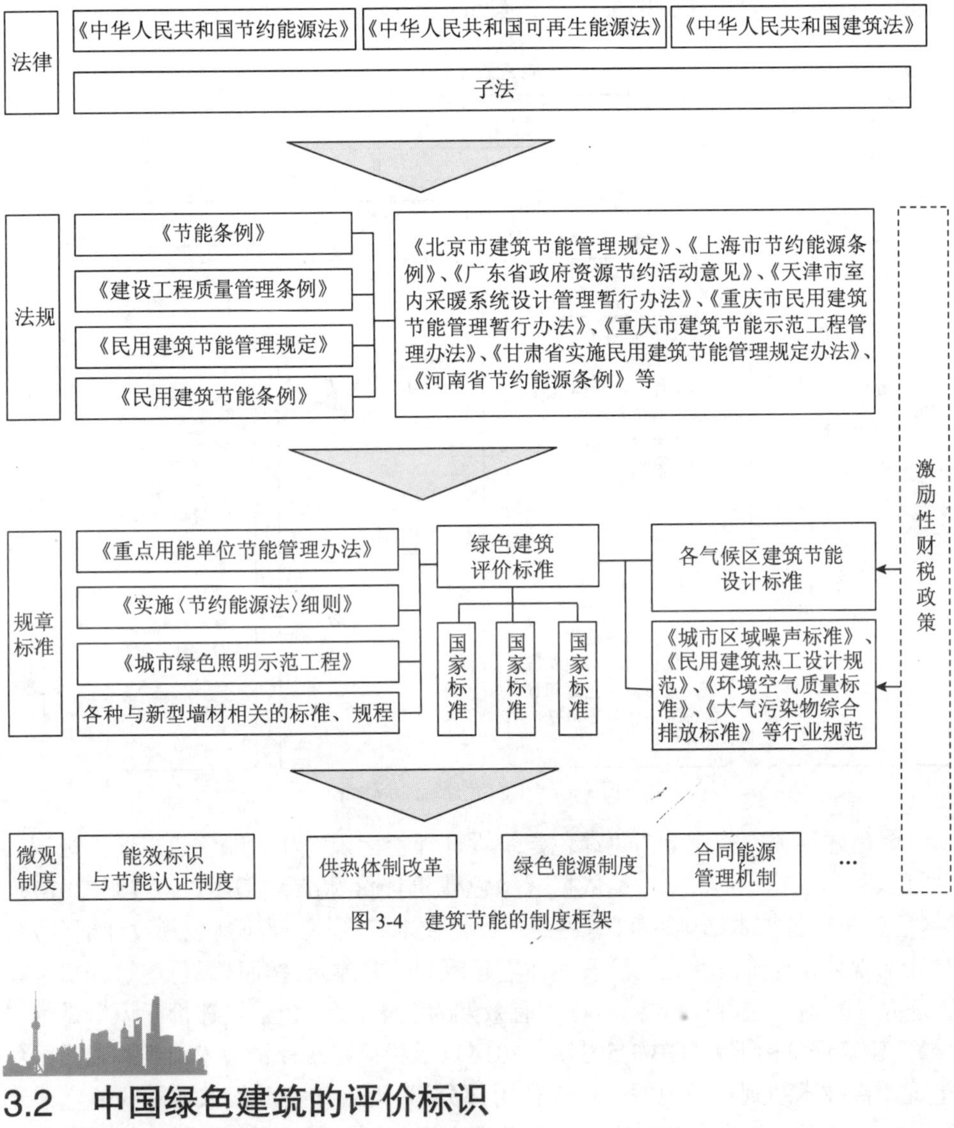

法律

《中华人民共和国节约能源法》《中华人民共和国可再生能源法》《中华人民共和国建筑法》

子法

法规

《节能条例》

《建设工程质量管理条例》

《民用建筑节能管理规定》

《民用建筑节能条例》

《北京市建筑节能管理规定》、《上海市节约能源条例》、《广东省政府资源节约活动意见》、《天津市室内采暖系统设计管理暂行办法》、《重庆市民用建筑节能管理暂行办法》、《重庆市建筑节能示范工程管理办法》、《甘肃省实施民用建筑节能管理规定办法》、《河南省节约能源条例》等

规章标准

《重点用能单位节能管理办法》

《实施〈节约能源法〉细则》

《城市绿色照明示范工程》

各种与新型墙材相关的标准、规程

绿色建筑评价标准

国家标准　国家标准　国家标准

各气候区建筑节能设计标准

《城市区域噪声标准》、《民用建筑热工设计规范》、《环境空气质量标准》、《大气污染物综合排放标准》等行业规范

激励性财税政策

微观制度

能效标识与节能认证制度　供热体制改革　绿色能源制度　合同能源管理机制　…

图 3-4　建筑节能的制度框架

3.2　中国绿色建筑的评价标识

中国从 2008 年起开始进行绿色建筑的评价标识工作。于 2008 年 4 月 14 日正式成立绿色建筑评价标识管理办公室（简称：绿标办）。“绿标办”设在住房和城乡建设部科技发展促进中心，成员单位有中国建筑科学研究院、上海建筑科学研究院、深圳建筑科学研究院、清华大学、同济大学等。“绿标办”主要负责绿色建筑评价标识的管理工作，受理三星级绿色建筑评价标识，指导一、二星级绿色建筑评价

标识活动。中国绿色建筑评价体系如图 3-5 所示。

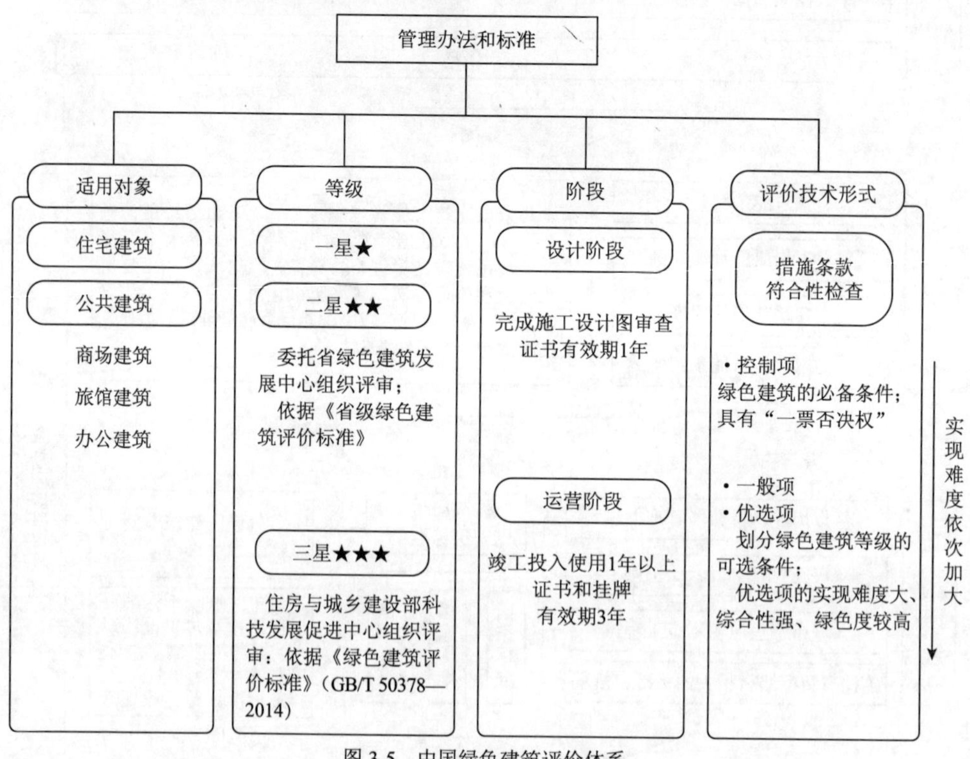

图 3-5　中国绿色建筑评价体系

绿色建筑评价标识分为“绿色建筑设计评价标识”和“绿色建筑评价标识”。“绿色建筑设计评价标识”是依据《绿色建筑评价标准》(GB/T 50378—2014)、《绿色建筑评价技术细则》和《绿色建筑评价技术细则补充说明(规划设计部分)》，对处于规划设计阶段和施工阶段的住宅建筑和公共建筑，按照《绿色建筑评价标识管理办法》对其进行评价标识，标识有效期为 2 年。“绿色建筑评价标识”是依据《绿色建筑评价标准》(GB/T 50378—2014)、《绿色建筑评价技术细则》和《绿色建筑评价技术细则补充说明（运行使用部分)》，对已竣工并投入使用的住宅建筑和公共建筑，按照《绿色建筑评价标识管理办法》对其进行评价标识，标识有效期为 3 年。2008 年 8 月 4 日绿色建筑评价标识发布会召开(图 3-6)，会上对表 3-1 所列项目(第一批)进行了绿色建筑设计评价标识，2009 年对表 3-2 所列项目(第一批)进行了绿色建筑评价标识。截至 2015 年 1 月，全国已评出 2538 项绿色建筑标识项目，总建筑面积达到 2.92 亿 m^2，其中设计标识 2379 项，建筑面积为 2.72 亿 m^2；运行标识 159 项，建筑面积 0.2 亿 m^2。

a）绿色建筑评价标识记者会

b）颁发绿色建筑评价标识

图 3-6　2008 年首批绿色建筑评价标识发布会

2008 年首批绿色建筑设计评价标识项目　　表 3-1

编号	项目类型	项 目 名 称	完 成 单 位	标识星级
1	公共建筑	华侨城体育中心扩建工程	深圳华侨城房地产有限公司	★★★
2		上海市建筑科学研究院绿色建筑工程研究中心办公楼	上海市建筑科学研究院（集团）有限公司	★★★
3		中国 2010 年上海世博会世博中心	上海世博（集团）有限公司	★★★
4		绿地汇创国际广场准甲办公楼	上海绿地杨浦置业有限公司	★★
5	住宅建筑	金都·城市芯宇（1 号、2 号、3 号、5 号、6 号）	杭州启德置业有限公司	★
6		金都·汉宫	武汉市浙金都房地产开发有限公司	★

2009 年度第一批绿色建筑评价标识项目名单　　表 3-2

编号	项目类型	项 目 名 称	完 成 单 位	标识星级
1	公共建筑	山东交通学院图书馆	山东交通学院	★★
2		上海市建筑科学研究院绿色建筑工程研究中心办公楼	上海市建筑科学研究院（集团）有限公司	★★★

3.3　世界绿色建筑的评价

20 世纪 60 年代，美国建筑师保罗·索勒瑞提出了生态建筑的新理念。1969 年，美国建筑师麦克哈格著《设计结合自然》一书，标志着生态建筑学的正式诞生。20 世纪 70 年代，石油危机使得太阳能、地热、风能等各种建筑节能技术应运而生，节能建筑成为建筑发展的先导。1980年,世界自然保护组织首次提出"可持续发展"的口号,同时节能建筑体系逐渐完善,并在德、英、法、加拿大等发达国家广泛应用。1987年,联合国环境署发表《我们共同的未来》报告,确立了可持续发展的思想。1992年"联合国环境与发展大会"使可持续发展思想得到推广,绿色建筑逐渐成为发展方向。目前世界建筑评价标识的基本情况如表3-3所示。

世界各国绿色建筑评价标识情况　表3-3

绿色建筑评价标识及国别	分　类	开 始 时 间
LEED（美）	一般、铜牌、银牌、金牌、铂金	1998年开始
BREEAM（英）	通过、好、很好、优秀	1990年开始
NABERS（澳）	1～6星级	2003年开始
CASBEE（日）	不良(C)、相当不良(B-) 良好(B+)、优良(A)、特优(S)	2004年开始
HK-BEAM（港）	满意、好、很好、优秀	1996年开始
ESCALE（法）	标准工程、优秀工程、较差工程	—
ESFGB（中）	1～3星级	2008年开始

3.3.1 英国BREEAM

BREEAM（Building Research Establishment Environmental Assessment Method）是世界上第一个绿色建筑评估体系,由英国建筑研究所于1990年制定。由于有英国建筑师学会的参与,该证书在英国具有相当的权威性。

BREEAM体系涵盖了包括从建筑主体能源到场地生态价值的范围,包括了社会、经济可持续发展的多个方面。BREEAM的目标是减少建筑物对环境的影响。BREEAM的评价对象是新建建筑和既有建筑。BREEAM的评价内容包括核心表现因素、设计和实施、管理和运作。BREEAM的评价条目如图3-7所示。

图3-7 BREEAM的评价条目

3.3.2 美国LEED

LEED（Leadership in Energy & Environmental Design Building Rating System）由美国绿色建筑委员会（USGBC）于1996年制定。LEED是性能标准，主要强调建筑在整体、综合性能方面达到“绿色”要求。LEED很少设置硬性指标，各指标间可通过相关调整形成相互补充，以方便使用者根据本地区的技术经济条件建造绿色建筑。LEED是自愿采用的评估体系标准。凡通过LEED评估的工程都可获得由美国绿色建筑协会颁发的绿色建筑标识。在1998年LEED评价标准V1.0的基础上，2000年修订成了V2.0，2009年修订成了V3.0。LEED评估体系如图3-8所示。LEED的评估指标包括：原材料和资源、室内环境质量、创新和设计、能源与大气、可持续的场地设计、有效利用水资源等内容。

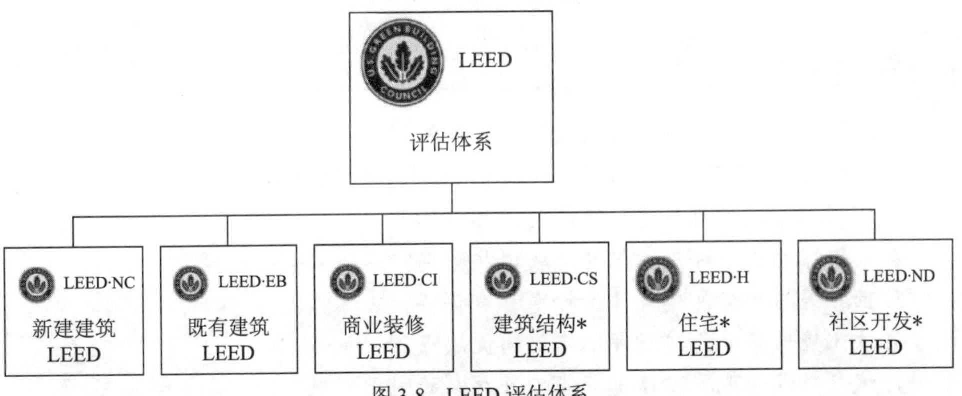

图3-8 LEED评估体系

截至2012年10月，中国申请LEED认证的项目已达1045个，已获得认证的项目共有267个，LEED-CI、LEED-NC认证项目占据主体，其中铂金级18个，金级158个，认证级20个，银级71个。2013年6月25日，美国绿色建筑协会向上海世博会城市最佳实践区颁发LEED-ND最高级别铂金级预认证，城市最佳实践区成为北美地区之外首个获得这一级别认证的项目。

3.3.3 日本CASBEE

2001年，由日本学术界、企业界专家、政府三方面联合组成建筑综合环境评价委员会（Comprehensive Assessment System for Building Environmental Efficiency，CASBEE），评价对象为各种用途、规模的建筑物。CASBEE评价原理为：根据已有的“生态效率”的概念，从建筑环境效率（BEE）定义出发进行评价，试图评价建筑物在限定的环境性能下，通过措施降低环境负荷的效果。CASBEE评价工具包括：

CASBEE-PD（新建建筑规划与方案设计）、CASBEE-NC（新建建筑设计阶段）、CASBEE-EB（既有建筑）、CASBEE-RN（改造和运行）、CASBEE-TC（临时建筑）、CASBEE-HI（热岛效应）、CASBEE-DR（地区，区域）、CASBEE–DH（独立住宅）。CASBEE 评价体系如图 3-9 所示。

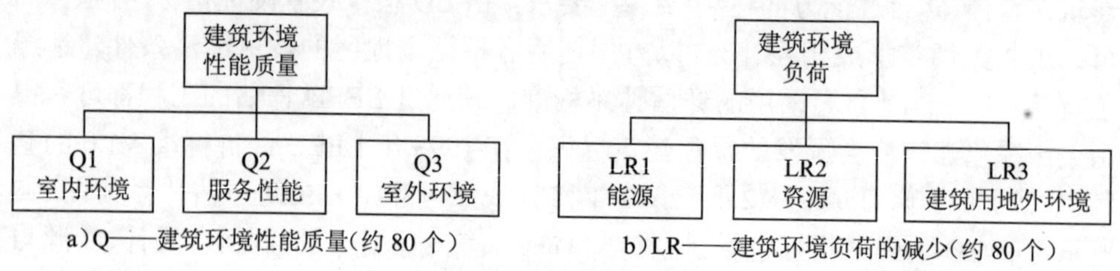

图 3-9 CASBEE 评价体系

思考与调研

1. 我国促进绿色建筑发展的政策有哪些？
2. 试阐述“中国住宅阳光计划”的目标、任务和行动措施。
3. 中国都开展了哪些建筑节能的国际合作？
4. 我国绿色建筑评价标识的发展现状如何？
5. 世界著名的绿色建筑评价标准都有哪些？
6. 试比较世界绿色建筑评价标识的优缺点。
7. 试分析我国现阶段建筑节能工作存在的主要问题。
8. 调研我国现有绿色建筑评价指标体系的优缺点。
9. 调研你家庭所在地的绿色建筑所受标识情况。
10. 调研你家庭所在地的节能促进政策的落地情况。

第4章 | 建筑节能技术

可持续发展建筑中节能减排目标的实现，离不开建筑节能技术的应用。建筑节能既包括新建建筑的节能，也包括既有建筑的改造。建筑节能的实现可以从建筑节能的设计、施工、使用三个阶段来实现，每个阶段都包括一系列节能技术的应用。

4.1 建筑节能设计

4.1.1 绿色设计概念

（1）绿色设计定义

在漫长的人类设计史中，建筑设计为人类创造了现代生活方式和生活环境的同时，也加速了资源、能源的消耗，并对地球的生态平衡造成了极大的破坏。正是在这种背景下，设计师们不得不重新思考建筑设计师的职责和作用，绿色设计也就应运而生。绿色设计（Green Design）也称生态设计（Ecological Design）、环境设计（Design for Environment）、环境意识设计（Environment Conscious Design）。在产品整个生命周期内，着重考虑产品环境属性（可拆卸性、可回收性、可维护性、可重复利用性等）并将其作为设计目标，在满足环境目标要求的同时，保证产品应有的功能、使用寿命、质量等要求。绿色设计应符合“3R（Reduce，Reuse，Recycle）”的原则，即减少环境污染、减少能源消耗，产品和零部件的回收再生循环或者重新利用。

（2）绿色设计内容

绿色设计的主要内容包括：绿色产品设计的材料选择与管理，产品的可拆卸性设计，产品的可回收性设计。

①绿色产品设计的材料选择与管理：一方面，不能把含有有害成分与无害成分的材料混放在一起；另一方面，对于达到寿命周期的产品，有用部分要充分回收利用，不可用部分要用一定的工艺方法进行处理，使其对环境的影响降到最低。

②产品的可回收性设计：综合考虑材料的回收可能性、回收价值的大小、回收的处理方法等。

③产品的可拆卸性设计：设计师要使所设计的结构易于拆卸、维护方便，并在产品报废后能够重新回收利用。

（3）绿色设计理念

绿色建筑设计理念包括：节约能源、节约资源、回归自然、舒适健康的生活环境等要素。

①节约能源：充分利用太阳能，采用节能的建筑围护结构以及减少采暖和空调的使用。根据自然通风的原理设置风冷系统，使建筑能够有效地利用夏季的主导风向。建筑采用适应当地气候条件的平面形式及总体布局。

②节约资源：在建筑设计、建造和建筑材料的选择中，均考虑资源的合理使用和处置。要减少资源的使用，力求使资源可再生利用。节约水资源，包括节约绿化用水。

③回归自然：绿色建筑要强调与周边环境相融合，和谐一致、动静互补，做到保护自然生态环境。

④舒适和健康的生活环境：建筑内部不使用对人体有害的建筑材料和装修材料。室内空气清新，温、湿度适当，使居住者感觉良好、身心健康。

4.1.2 节能设计主要内容

节能设计主要包括：规划设计、建筑选址、建筑避风布局、建筑形态设计、建筑间距设计、建筑朝向设计、建筑围护结构设计等。

（1）规划设计

规划设计是指分析构成气候的决定因素（辐射因素、大气环流和地理因素）的有利和不利影响，通过建筑的规划布局对上述因素进行充分利用、改造，形成良好的居住条件和有利于节能的微气候环境。在建筑规划和设计时，根据大范围的气候条件影响，针对建筑自身所处的具体环境气候特征，重视利用自然环境（如外界气流、雨水、湖泊、绿化、地形等）创造良好的建筑室内微气候，以尽量减少对建筑设备的依赖。具体措施可归纳为以下两个方面：一是合理选择建筑的地址、采取合理的外部环境设计（主要方法为在建筑周围布置树木、植被、水面、假山、围墙）；二是合理设计建筑形体（包括建筑整体体量和建筑朝向的确定），以改善既有的微气候，合理的建筑形体设计是充分利用建筑室外微环境来改善建筑室内微环境的关键部分，主要通过建筑各部件的结构构造设计和建筑内部空间的合理分隔设计得以实现。同时，可借助相关软件进行优化设计，如运用天正建筑中建筑阴影模拟，辅助设计建筑朝向和居住小区的道路、绿化、室外消闲空间，利用 CFD 软件（如 PHOENICS，Fluent）等，分析室内外空气流动是否通畅。

（2）建筑选址

建筑选址主要是根据当地的气候、土质、水质、地形及周围环境条件等因素的综合状况来确定的。建筑设计中，既要使建筑在其整个生命周期中保持适宜的微气候环境，为建筑节能创造条件，同时又要不破坏整体生态环境的平衡。建筑基地不适宜选择在山谷、洼地及凹地等处，因为冬季冷气流在凹地里易形成对建筑物的“霜洞”效应。位于凹地的底层或半地下层建筑，为保持所需的室内温度所消耗的能量就会相应的增加。所以建筑基地应尽量选择在向阳、避风的地段上，为建筑争取日照创造必要的条件，并且建筑朝向向阳有利于身心健康。

（3）避风布局

利用建筑的布局，形成优化微气候的良好界面，建立气候防护单元，对节能有利，建立一个小型组团的自然—人工生态平衡系统。

避风设计有5个要点：

①利用建筑物阻隔冷风；

②设置风障；

③避开不利风向；

④减少冷空气对建筑物的渗透；

⑤避免局地疾风。

（4）建筑形态设计

节能建筑的形态要求：体形系数越小，越有利于建筑节能，且冬季有利于避寒风。

根据《民用建筑节能设计标准》（JGJ 26—2010），建筑物体形系数指的是建筑物与室外大气接触的外表面积与其所包围的体积的比值。外表面积中，不包括地面、不采暖楼梯间隔墙和户门的面积。建筑体形系数与建筑物的节能有直接关系：体形系数越大，说明同样建筑体积的外表面积越大，散热面积越大，建筑能耗就越高，对建筑节能越不利。如表4-1所示，所有的建筑体积都是64m^3，但是（a）的体形系数是1.25，仅就节能而言是最有利于节能的；（e）的体型系数是2.01，仅就节能而言是最不利的。

不同体形状况建筑的体形系数 表4-1

体形状况	表面积（m^2）	体积（m^3）	表面积/体积
（a） 4 4 4	80	64	1.25
（b） 3 7.1 3	81.9	64	1.28
（c） 2 16 2	104	64	1.63

续上表

体形状况	表面积（m^2）	体积（m^3）	表面积 / 体积
（d）	94.2	64	1.47
（e）	132	64	2.01

（5）建筑间距设计

住宅群的日照间距：指前后两排南向房屋之间，为保证后排房屋在冬至日（或大寒日）底层获得不低于 2h 的满窗日照而保持的最小间隔距离，如图 4-1 所示。

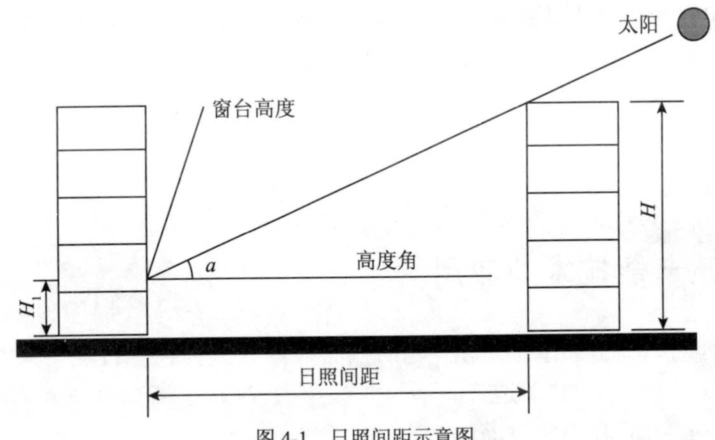

图 4-1　日照间距示意图

（6）朝向设计

建筑朝向是影响建筑节能效果的重要因素。建筑室内热湿环境受太阳能辐射热量的影响较大，建筑朝向则直接影响建筑物受太阳辐射的程度。我国地处北半球，由于太阳高度角和方位角变化规律的影响，南朝向的建筑在夏季可减少太阳辐射得热，冬季可增加太阳辐射得热，是最有利的建筑朝向。建筑物为南朝向，是我国建筑节能的必要条件。

在一天之中，不同时间的太阳能辐射热量是不同的，不同使用性质的建筑物，对能量的使用时间要求也是不同的。根据太阳能在不同时段的分布状况和建筑物的使用性质进行调整和确定建筑朝向，是充分利用太阳能的有效措施。例如，在我国北方采暖地区，一天之中的 13：00—14：00 时的太阳能辐射热量最大，建筑物的布置方向应为南偏西，这样可以提高室温，有利于节能；而对于我国的南方非采暖地区，建筑物的布置方向应为南偏东，以减少太阳辐射对室温的影响。再如，办公、学校等公共建筑只是白天有人使用，夜间室内则无人居住，只要白天室温达标即可，并希望上午室温能够尽快上升，对于这样的建筑物，应将朝向设为南偏东为宜；而住宅、旅馆、宿舍等居住建筑因主要是夜间住人，希望下午有较强的太阳能辐射热进入室内，以提高夜间室温，应将朝向设为南偏西，冬季能有适量并具有一定质量的阳光射入室内。

（7）围护结构设计

建筑围护结构组成部件（屋顶、墙、地基、隔热材料、密封材料、门和窗、遮阳设施）的设计对建筑能耗、环境性能、室内空气质量与用户所处的视觉和热舒适环境有根本的影响。一般改善围护结构的费用仅为总投资的3%～6%，而节能却可达20%～40%。通过改善建筑物围护结构的热工性能，在夏季可减少室外热量传入室内，在冬季可减少室内热量的流失，使建筑热环境得以改善，从而减少建筑冷、热消耗。

从投入产出的经济性角度来分析，除了围护结构设计需要增加建筑材料的成本投入以外，其他的建筑节能设计是不需要增加额外成本支出的。

4.2 建筑节能技术的应用

建筑节能技术的应用是建筑节能的核心内容。具体包括：围护结构绿色节能材料利用、太阳能利用、自然通风、自然采光、风力发电、地源热泵技术利用、余热回收利用、非传统水源利用等方面的内容。

4.2.1 围护结构绿色节能材料利用

建筑围护结构就是构成建筑封闭空间与外界大气直接接触的部分。建筑围护结构由外墙、门窗、屋顶等组成，各部位的能耗如图4-2所示。围护结构的节能就是降低墙体、门窗、屋顶等围护结构的传热系数，提高其保温性能。

4.2.1.1 外墙节能

外墙的节能可以通过墙体内保温、墙体外保温或夹心复合墙体保温三种技术手段来实现。

（1）夹心复合墙

在墙体中预留的连续空腔内填充保温或隔热材料，并在墙的内叶和外叶之间用防锈的金属拉结件连接而形成的墙体，如图 4-3 所示。

图 4-2　围护结构的散热示意图

图 4-3　夹心复合墙

（2）外墙内保温

外墙内保温是在墙体结构内侧覆盖一层保温材料，通过黏结剂将其固定在墙体结构内侧，之后在保温材料外侧作保护层及饰面。内保温多采用粉刷石膏作为黏结和抹面材料，通过使用聚苯板或聚苯颗粒等保温材料达到保温效果，如图 4-4 所示。外墙内保温的特点主要是通过与外保温的对比得来，由于在室内使用，技术性能要求没有外墙外侧应用那么严格，造价较低，而且升温（降温）比较快，适合于间歇性采暖的房间使用。

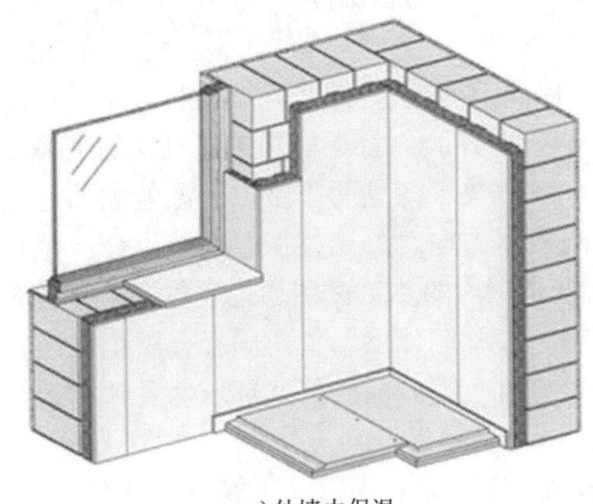

a）外墙内保温

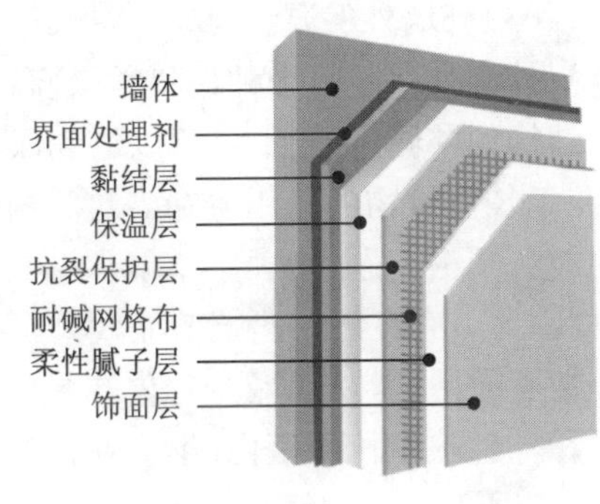

b）外墙内保温构造

图 4-4　外墙内保温

外墙内保温有下列优点：

①外墙内保温的保温材料在楼板处被分割，施工时仅在一个层高内进行保温

施工，施工时不用脚手架或高空吊篮，施工比较安全方便，不损害建筑物原有的立面造型，施工造价相对较低。

②由于绝热层在内侧，在夏季的晚上，墙的内表面温度随空气温度的下降而迅速下降，减少闷热感。

③耐久性好于外墙外保温，大大增加使用寿命。

④有利于安全防火。

⑤施工方便，受风天、雨天影响小。

外墙内保温主要存在如下缺点：

①保温隔热效果差，外墙平均传热系数高。

②热桥保温处理困难，易出现结露现象。

③占用室内使用面积。

④不利于室内装修，包括重物钉挂困难等；在安装空调、电话及其他装饰物等设施时尤其不便。

⑤不利于既有建筑的节能改造。

⑥保温层易出现裂缝。由于外墙受到的温差大，直接影响到墙体内表面应力变化，这种变化一般比外保温墙体大得多。昼夜和四季的更替，易引起内表面保温的开裂，特别是保温板之间的裂缝尤为明显。实践证明，外墙内保温容易引起开裂或产生“热桥”的部位有保温板板缝、顶层建筑女儿墙沿屋面板的底部、两种不同材料在外墙同一表面的接缝、内外墙之间丁字墙外侧的悬挑构件等部位。

（3）外墙外保温

外墙外保温是一种最科学、最高效的保温节能技术，即将保温材料置于主体围护结构的外侧，这样不仅可以达到保温隔热的目的，而且还能保护建筑物的主体结构，延长建筑物的使用寿命。这种技术有效解决了冬夏两季室内外温差大而造成的能源损失问题，代表了节能保温技术的发展方向。外墙外保温系统不会产生热桥，因此具有良好的建筑节能效果。冬季，当室内的热量试图通过墙体保温材料时会被有效阻隔，从而减少室内热量的消耗；夏季，墙体保温材料同样会阻止太阳辐射和外部热量传入室内，继而在建筑物内营造冬暖夏凉的舒适环境。具体构造如图 4-5 所示。

相对于外墙内保温，外墙外保温主要有以下优点：

①适用范围广。外保温适用于采暖和使用空调的工业与民用建筑，既可用于新建工程，又可用于旧房改造，适用范围较广。

②保护主体结构，延长建筑物的寿命。采用外墙外保温方案，由于保温层置于建筑物围护结构外侧，缓冲了因温度变化导致结构变形产生的应力，避免了雨、雪、

冻融、干、湿循环造成的结构破坏，减少了空气中有害气体和紫外线对围护结构的侵蚀。因此，外保温既可减少围护结构的温度应力，又对主体结构起保护作用，从而有效地提高了主体结构的耐久性，故比内保温更科学合理。

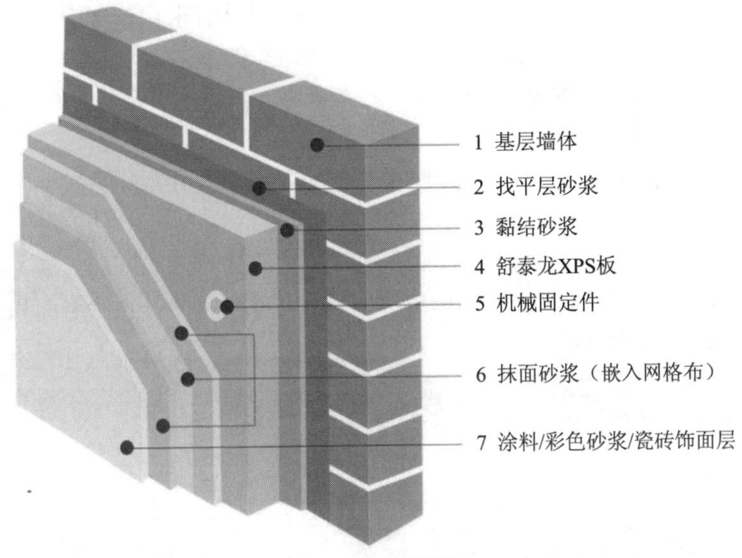

图4-5 外墙外保温

③基本消除了“热桥”的影响。采用外保温在避免“热桥”方面比内保温更有利，基本消除在内外墙交界部位、外墙圈梁、构造柱、框架梁、柱、门窗洞口以及顶层女儿墙与屋面板交界周边所产生的“热桥”。

④使墙体潮湿情况得到改善。一般情况下，内保温需要设置隔气层，而采用外保温时，由于蒸汽渗透性高的主体结构材料处于保温层的内侧，用稳态传湿理论进行冷凝分析，只要保温材料选材适当，在墙体内部一般不会发生冷凝现象，故无须设置隔气层。同时，由于采取外保温措施后，结构层的整个墙身温度提高了，降低了它的含湿量，从而进一步改善了墙体的保温性能。

⑤有利于室温保持稳定。外保温墙体由于蓄热能力较大的结构层在墙体内侧，当室内受到不稳定热作用，室内空气温度上升或下降时，墙体结构层能够吸收或释放热量，故有利于室温保持稳定。

⑥有利于提高墙体的防水和气密性。加气混凝土、混凝土空心砌块等墙体，在砌筑灰缝和面砖粘贴不密实的情况下，其防水和气密性较差，采用外保温构造，则可大大提高墙体的防水和气密性能。

⑦有利于改善室内热环境质量。室内热环境质量受室内空气温度和围护结构

表面温度的影响。如采用外保温墙体，全面提高墙体的保温性能，则有利于保持室内空气和墙体内表面有较高温度，从而有利于改善室内热环境。

⑧便于旧建筑物进行节能改造。20 世纪 80 年代以前建造的工业与民用建筑一般都不满足节能要求，需要节能改造。与内保温相比，采用外保温方式对旧房进行节能改造，最大优点是无须临时搬迁，不影响用户的室内活动和正常生活。

⑨可减少保温材料用量。在达到同样节能效果的条件下，采用外保温墙体，由于基本消除了“热桥”的影响，故可以节约保温材料的用量。据统计，以北京、沈阳、哈尔滨、兰州四城市的塔式建筑为例，与内保温相比，采用外保温保温材料分别可节省 44%（北京）、48%（沈阳）、58%（哈尔滨）和 45%（兰州）。

⑩增加房屋的使用面积。由于保温材料贴在墙体外侧，其保温、隔热效果优于内保温和夹心保温，故可使主体结构墙体减薄，从而增加每户的使用面积。

外墙外保温缺点：成本高、施工难度大（特别是高层，建筑工人容易发生高处坠落等事故）、施工工艺要求高、对外墙装饰有影响（外墙贴砖工艺要求高）。图 4-6 为外保温因施工质量不合格导致脱落。

a）某小区外墙保温层小面积脱落

b）某小区外墙保温层大面积脱落

图 4-6 某小区外保温施工不当导致保温层脱落

4.2.1.2 门窗节能

建筑门窗和建筑幕墙是建筑围护结构的组成部分，是建筑物热交换、热传导最活跃最敏感的部位。玻璃传热系数比较大，玻璃面积越大，照明越好，通风越顺畅，但是能耗也会越大。外窗节能所用到的主要技术措施包括两个方面：一是降低外窗的传热系数，如使用传热系数小的塑钢、断热窗框型材、中空玻璃、双层玻璃、

Low-E 玻璃等；二是降低外窗的遮阳系数，如增设遮阳装置、使用镀膜玻璃等。

1）断桥式铝合金窗

断桥式铝合金窗的原理是利用尼龙将室内外两层铝合金既隔开又紧密连接成一个整体，构成一种新的隔热型的铝型材。按照其连接方式不同可分为：穿条式及注胶式。用这种型材做门窗，其隔热性优越，彻底解决了铝合金传导散热快、不符合节能要求的致命问题，同时采取一些新的结构配合形式，彻底解决了铝合金推拉窗密封不严的老大难问题。这种创新结构设计，兼顾了尼龙和铝合金两种材料的优势，同时满足装饰效果和门窗强度及耐老性能的多种要求。超级断桥铝型材可实现门窗的三道密封结构，合理分离水气腔，成功实现气水等压平衡，显著提高门窗的水密性和气密性，如图 4-7 所示。

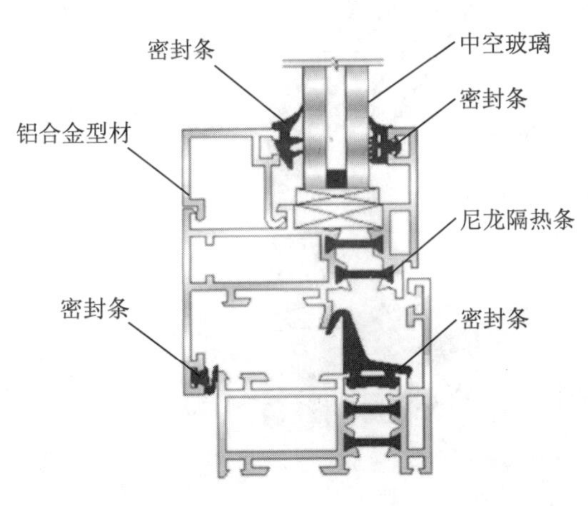

a）铝合金型材断桥示意

b）铝合金窗截面

图 4-7　断桥式铝合金窗

2）高保温高节能四层玻璃窗

高保温高节能四层玻璃窗，由双层窗框、双层窗扇组成。每层窗框上安装一扇窗扇，每扇窗扇上装两层玻璃，两层玻璃之间用密封条隔开，两层窗扇装四层玻璃，有三个空气层，该玻璃窗具有保温效果好、室内外空气热交换慢，热阻值大的特点，如图 4-8 所示。

3）Low-E 玻璃

Low-E 玻璃又称低辐射玻璃，是在玻璃表面镀上多层金属或其他化合物组成的膜系产品。其镀膜层具有对可见光高透过及对中远红外线高反射的特性，使其与普通玻璃及传统的建筑用镀膜玻璃相比，具有优异的隔热效果和良好的透光性。

外门窗玻璃的热损失是建筑物能耗的主要部分，占建筑物能耗的50%以上。有关研究资料表明，玻璃内表面的传热以辐射为主，占58%，这意味着要从改变玻璃的性能来减少热能的损失，最有效的方法是抑制其内表面的辐射。普通浮法玻璃的辐射率高达0.84，当镀上一层以银为基础的低辐射薄膜后，其辐射率可降至0.15以下。因此，用Low-E玻璃制造建筑物门窗，可大大降低因辐射而造成的室内热能向室外的传递，达到理想的节能效果。

图4-8 高保温高节能四层玻璃窗

4）隔热保温窗帘

隔热保温窗帘是指那些具有良好的夏天隔热、冬天保温、防紫外线功能的窗帘。它有窗帘、窗纱、卷帘、立式移帘等多种形式，多用于商务办公大楼、酒店、别墅、家居、学校等场所，具有隔热保温、防紫外线的优点，可以有效调节室内温度、节约空调能耗、减少碳排放量。

保温隔热窗帘的功能如下：

①夏季，使用隔热保温窗帘，太阳光向室内辐射的热量大部分被反射回去，太阳保护指数（IPS）可达到60.8%。室内温度比无窗帘的要低6～12℃，比使用普通窗帘的要低4～6℃。

②冬季，使用隔热保温窗帘，从室内人体和物体辐射到窗帘上的绝大部分热量，都会被窗帘反射回来，有效阻止了热量的散发，提高了室温。

4.2.1.3　屋顶节能

屋顶节能的方法很多，屋顶保温、屋顶通风、屋顶蓄水、屋顶绿化等措施都可以起到屋顶节能的效果。

1）屋顶保温

主要是在屋顶铺设或粉刷各种保温绝热及反射材料来达到节能效果。除采用膨胀珍珠岩、玻璃棉和聚苯乙烯泡沫等保温材料的屋顶，还包括反射降温隔热屋顶（屋顶刷铝银粉或采用表面带有铝箔的卷材）、绝热反射膜屋顶（屋顶铺设铝钛合金气垫膜，可阻止 80% 以上的可见光）、降温涂料屋顶（通过热塑性树脂 / 热固性树脂 + 高反射率的透明无机材料制成热反射涂料来降温）和节能屋面瓦屋顶（将增强水泥喷涂于发泡隔热材料上）。

“冷屋顶”又称“白色反光屋顶”，是指日射反射率高的屋顶，它通过对普通屋顶涂上浅色的、高反射率的涂料，提高屋顶的日射反射率，减少太阳热量的吸收，从而达到减少空调冷负荷、节约空调能耗的目的。

2）通风屋顶

在屋顶设置通风的空气间层，利用间层中空气的流动带走热量，降低屋顶表面温度。

3）蓄水屋顶

蓄水屋顶就是在刚性防水屋面上蓄一层水，目的是利用水蒸发带走大量水层中的热量，大量消耗晒到屋面的太阳辐射热，从而有效地减弱了屋面的传热量和降低屋面温度，是一种较好的隔热措施，是改善屋面热工性能的有效途径。

4）屋顶绿化

屋顶绿化是在各类建筑物的屋顶、露台、天台、阳台上进行造园，种植树木花卉的统称。屋顶绿化的作用可以从 3 个角度来看。

（1）从城市环境角度来看

①改善城市环境和气候，缓解城市的“热岛效应”，调节城市的温度和湿度。屋顶的绿色植物调节气温的作用十分明显，既可以调节建筑物本身的温度，又可以降低建筑物周围环境的气温，还可以大大降低屋顶外表面的平均辐射温度，改善城市的热环境。

②绿化植物可以滞留空气中的尘埃，具有滞尘、杀菌和吸收低浓度污染物及增加空气中负离子的作用，具有很强的空气净化能力和清新能力。

③缓解暴雨所造成的积水、洪涝及其他各种地质灾害，缓和酸雨的危害。

④为鸟类、昆虫等创造适宜的生长环境，有利于生物多样性保护。

⑤具有很好的生态效益，既可改善城市的生态环境和增加城市整体美感，提高

市民的生活和工作环境质量，达到与环境协调、共存、发展的目的，还可以提高国土资源的利用率。

(2)从建筑角度来看

①改善建筑物的外观，遮盖影响视觉效果的屋顶或墙体等。

②缓解建筑物热胀冷缩导致的屋顶裂纹引起的损害，以及紫外线等导致的防水层的老化和渗漏。

③有效地降低屋顶结构层表面的温度，可以降低夏季空调能耗，改善室内热环境，既对建筑设备节能和改善室内热舒适环境有重大意义，又达到了节约能源的目的。

④火灾发生时，起到保护建筑物和延迟燃烧的作用。

⑤对于商业性建筑物，可以达到改善环境、吸引客流的目的。

⑥对于办公写字楼和工厂厂房等建筑，可以最大限度地利用建筑空间，建成供员工小憩的"屋顶花园"。

(3)从使用者角度来看

①改善周围环境，起到视线遮挡、保护私密性的作用。

②可以减噪和防风，同时可以有效地减小建筑物墙体的日光反射。

③绿化环境可以缓解人们精神上和身体上的紧张和疲劳感。

④为人们提供进行栽培和园艺活动的场所，丰富人们的生活，怡情养性。

4.2.2 太阳能利用

太阳能利用有两种途径：被动式太阳能利用和主动式太阳能利用。

4.2.2.1 被动式太阳能利用技术

所谓被动式太阳能利用就是充分利用建筑本身的自然潜能，在建筑周围环境、遮阳、通风以及能量储存中体现太阳能的被动利用。在建筑中采用被动式太阳能设计可以减少使用高达50%的普通采暖所需的能量。

1)被动式太阳能采暖技术利用

被动式太阳能采暖技术分为直接得热(冬天晒太阳)和间接得热(热反射)，被动式太阳房就是这一技术的很好应用。按采集太阳能的方式区分，被动太阳房可以分为两类。

(1)直接受益式

冬天阳光通过较大面积的南向玻璃窗，直接照射至室内的地面、墙壁和家具上，使其吸收大部分热量而温度升高。一部分热量以辐射、对流方式在室内空间传递；一部分热量导入蓄热体内，然后逐渐释放出，使房间在晚上和阴天也能保持一定温度。采用这种方式的太阳房，由于南窗面积较大，应配置保温窗帘，并要求窗扇的密封性能良好，以减少通过窗的热损失。窗还应设置遮阳板，以遮挡夏季阳光进入室内。

（2）集热蓄热墙式

这种太阳房主要是利用南向垂直集热蓄热墙吸收穿过玻璃采光面的阳光，通过传导、辐射及对流，把热量送至室内。墙的外表面涂成黑色或深色，以便有效地吸收阳光。集热蓄热墙的形式有实体式集热蓄热墙、花格式集热蓄热墙、水墙式集热蓄热墙、相变材料集热蓄热墙和快速集热墙等。

集热墙构成：典型的集热墙一般是由窗、空气夹层和墙体组成。针对不同需要，集热墙可分为多种类型，如开孔和不开孔（开孔形式又可分为内开孔和外开孔）。目前又有一些通过在空气夹层中加入透明隔热材料或部分改进的集热墙。

集热墙原理：一方面，集热墙利用阳光照射到外面有玻璃罩的深色蓄热墙体上，加热透明盖板和厚墙外表面之间的夹层空气，通过热压作用使空气流入室内，向室内供热，同时墙体本身直接通过热传导向室内放热并储存部分能量，夜间墙体将储存的能量释放到室内；另一方面，集热墙通过玻璃盖层等将热量以传导、对流及辐射的方式损失到室外。集热墙式太阳房适用于我国北方太阳能资源丰富、昼夜温差比较大的地区，如西藏、新疆等，它将大大改善当地居民的居住环境，减少这些地区的采暖能耗，如图4-9所示。集热墙不仅可以保温隔热，而且能促进空气流通，有利于新鲜空气的交换。

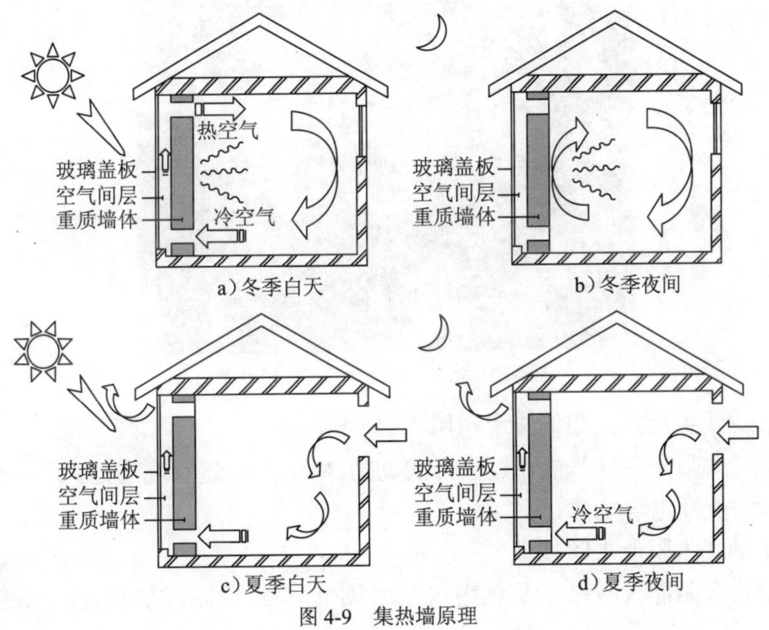

图4-9 集热墙原理

2）被动式太阳能制冷技术利用

①在朝南的窗户上安装合适的遮阳棚，允许冬天低角度的太阳光线照射进来，而在夏天可以遮挡高角度的太阳光。

②在炎热季节，白色屋面或反射屋面有助于反射太阳光，提高夏日室内的舒适度。

③热气流烟囱可以利用热空气上升的自然倾向来给建筑降温。设置在屋顶的烟囱可以帮助滞留在顶棚附近位置的热空气排出。

④在建筑南向种植大量的落叶植物及树木。北方很多建筑外墙都种植爬山虎。爬山虎适应性强，性喜阴湿环境，但不怕强光，耐寒、耐旱、耐贫瘠，气候适应性广泛，在暖温带以南地区，冬季也可以保持半常绿或常绿状态。爬山虎生性随和，占地少、生长快，绿化覆盖面积大。一根茎粗 2cm 的藤条，种植两年，墙面绿化覆盖面可达 30 ～ 50m^2。由于爬山虎的茎叶密集，覆盖在房屋墙面上，不但可以遮挡强烈的阳光，而且由于叶片与墙面之间的空气流动，还可以降低室内温度。它作为屏障，既能减少环境中的噪音，又能吸附飞扬的尘土。爬山虎的卷须式吸盘还能吸去墙上的水分，有助于使潮湿的房屋变得干爽，而在干燥的季节，又可以增加湿度，如图 4-10 所示。

图 4-10　北方建筑外墙种植的爬山虎

4.2.2.2　主动式太阳能技术利用

主动式太阳能系统是能通过额外的动力，将太阳能进行利用，主要包括太阳能采暖和太阳能发电等技术。

1）主动式太阳能采暖技术

主动式太阳能采暖技术是利用水泵或风机，将经太阳能加热过的水或空气送入室内达到采暖的目的。通常把太阳能集热器作为主动式太阳能采暖的热源，如图 4-11 所示。

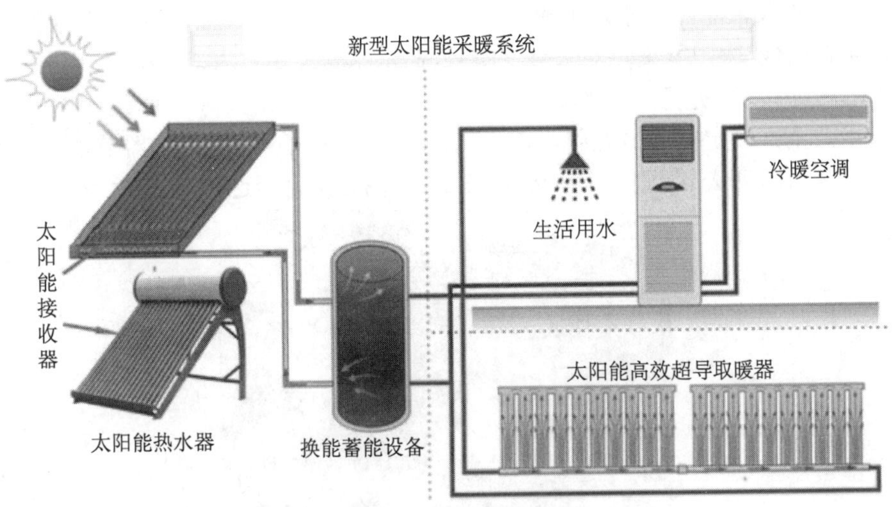

图 4-11 主动式太阳能采暖技术

主动式太阳房与被动式太阳房一样，它的围护结构应具有良好的保温隔热性能。对于太阳能供暖系统来说，首先应考虑采用热媒温度尽可能低的采暖方式，所以地板辐射采暖最适宜于太阳能供暖。太阳能供热系统可以用空气，也可以用水作为热媒，两者各有利弊。主动式太阳能技术的利用主要有以下 3 种途径：

（1）热风集热式供热系统

在屋面上朝南布置太阳能空气集热器，被加热的空气通过碎石贮热层后由风机送入房间，辅助热源为煤气热风炉，并设置控制调节装置，根据送风温度确定辅助热源的投入比例。

（2）热水集热式地板辐射采暖（兼生活热水供应）系统

在屋顶设置的太阳能集热器，系统有集热循环水泵、辅助蓄热水箱、供热水箱、采暖循环水泵、辅助热源一燃气锅炉、辅助热源热水循环泵、辅助加热换热器和地板辐射采暖盘管。热媒水通过盘管向房间散出热量后温度降低，再返回蓄热水箱，由集热泵送到太阳集热器重新加热；夜间或阴天太阳热能不足时，则由辅助热源加热系统保证供暖。

2010 年我国的太阳能热水器年产量为 4900 万 m^2，太阳能热水器的保有量为 1.6 亿 m^2。国家对太阳能热水器产业的发展规划为 2015 年末我国太阳能热水器的保有量达到 4 亿 m^2。

阳台壁挂式太阳能是一种专为城市中、高层以及别墅建筑设计的新一代建筑构件太阳能热水器，包括阳台栏板、栏杆式太阳能热水器等系列。如图4-12所示，阳台壁挂式太阳能热水器是由集热器、承压储热水箱、辅助加热系统、智能控制系统等组合而成，太阳能集热器安装在室外，储水箱安装在室内或阁楼，采用“二级热管”热传递技术，实现集热器和水箱的热量交换。在阴雨天时自动启动电能加热，满足用户全天候定量或恒温用水需求。该型热水器比传统电热水器节能80%，使用2年之后即可从节约的电费中收回投资，产品使用寿命达15年。

图4-12 阳台壁挂式太阳能热水器

（3）太阳能空调系统

兼有供暖、供冷功能，也可以只有供冷功能。夏季供冷的太阳能空调系统，制冷机为小型溴化钾吸收式制冷机，空调机为风机盘管。若需增加供暖功能，可以有两种方法：一种仍使用风机盘管作末端设备，由蓄热水箱提供热媒水给风机盘管，但水温要求较高，一般要60℃；另一种是风机盘管，只在夏季工作，冬季则增设地板辐射采暖系统，对水温的要求可降低，30～40℃即可。两种方法各有利弊，前者初期投资少，但太阳能供暖率较低，运行费用高；后者初期投资高，但太阳能供暖率高，运行费用低。

2）太阳能光伏发电技术

照射在地球上的太阳能非常巨大，大约40min照射在地球上的太阳能足以供全球人类一年的能量消费。太阳能是真正取之不尽、用之不竭的能源。而且太阳能发电绝对干净，不产生危害，是理想的能源。

从太阳能获得电力，需通过太阳电池进行光电变换来实现。它同以往其他电源发电原理完全不同，优点如下：

①永不枯竭；

②绝对干净（无公害）；

③不受资源分布地域的限制；

④可在用电处就近发电；

⑤能源质量高；

⑥使用者从感情上容易接受；

⑦获取能源花费的时间短。

它的缺点是：

①照射的能量分布密度小，即要占用巨大面积；

②获得的能源同四季、昼夜及阴晴等气象条件有关。

但总的说来，瑕不掩瑜，作为新能源，太阳能具有极大的优点，因此受到世界各国的重视。

(1)太阳能光伏发电技术

光伏发电的使用主要分为几个方面：家庭用小型太阳能电站、大型并网电站、建筑一体化光伏玻璃幕墙、太阳能路灯、风光互补路灯、风光互补供电系统等。太阳能发电系统的原理如图4-13所示。

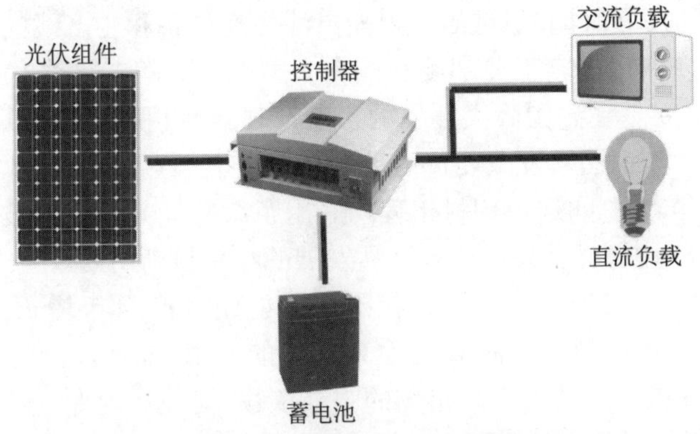

图4-13 太阳能发电系统原理

光电建筑不仅使建筑能耗降低，更能提供清洁能源，从而实现建筑本身从被动节能变成主动制造能源的革命性转变。这将成为现代建筑设计领域中最重要的发展方向，也是太阳能光电技术应用最为广阔的领域。光电建筑设计也必将成为未来绿色建筑、低碳建筑、生态建筑、智能建筑设计的主流。与建筑结合的光伏系统形式有两种，如图 4-14 所示。第一类是光伏方阵与建筑的结合（BAPV），这种方式是将光伏方阵依附于建筑物上，建筑物作为光伏方阵载体，起支承作用；第二类是光伏方阵与建筑的集成（BIPV），这种方式是光伏组件以一种建筑材料的形式出现，光伏方阵成为建筑不可分割的一部分。

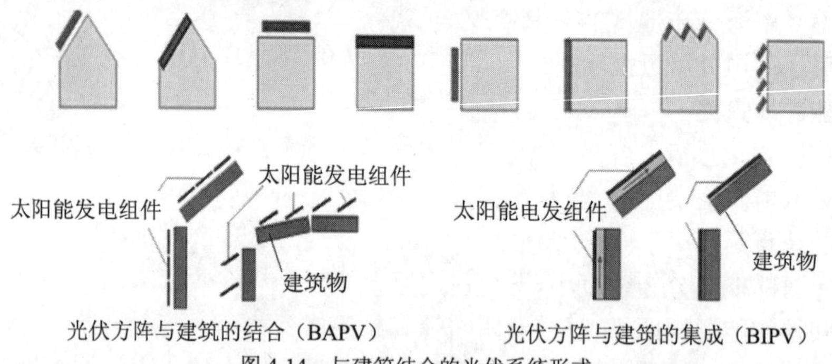

图 4-14　与建筑结合的光伏系统形式

（2）中国太阳能光伏发电的发展及应用现状

我国太阳电池的研究始于 1958 年，光伏发电产业起步于 20 世纪 70 年代。20 世纪 90 年代中后期光伏发电进入稳步发展时期，太阳电池及组件产量逐年稳步增加。经过 30 多年的努力，21 世纪初迎来了快速发展的新阶段。

我国光伏产业发展有两次飞跃。第一次是在 20 世纪 80 年代末，中国的改革开放正处于蓬勃发展时期，引进的太阳能电池生产设备和生产线的投资主要来自中央政府、地方政府、国家工业部委和国有大型企业。第二次光伏产业大发展在 2000 年以后，主要是受到国际大环境的影响、国际项目和政府项目的启动以及市场的拉动。2002 年由国家发改委负责实施的“光明工程”先导项目和“送电到乡”工程以及 2006 年实施的送电到村工程均采用了太阳能光伏发电技术。在这些措施的有力拉动下，中国光伏发电产业迅猛发展的势头日渐明朗。

十一五（2005—2010 年）期间，我国太阳能组件产量年增长率超过 100%。2010 年全国总产量达到 10GW，约占全球产量的一半。然而，超过 90% 的产品都出口到欧洲和美国。产业对海外市场的强烈依赖，促使业内专家呼吁中国政府可以提供更多的激励措施来扩大国内市场。

2009 年我国推出了太阳能屋顶计划和金太阳示范工程，对国内光伏电站投资提供补贴。太阳能屋顶计划是对太阳能建筑进行补贴，标准为 20 元 /Wp[1]。金太阳

[1] Wp表示太阳能发电的峰值功率。

示范工程提出对并网光伏发电项目原则上按光伏发电系统及其配套输配电工程总投资的 50%给予补助，偏远无电地区的独立光伏发电系统按总投资的 70%给予补助。受太阳能屋顶计划和金太阳示范工程的推动，截至 2009 年底，全国光伏装机容量已达 300MW。

2009 年 6 月，由中广核能源开发有限责任公司、江苏百世德太阳能高科技有限公司和比利时 Enfinity 公司组建的联合体以 1.0928 元 /kW•h 的价格，竞标成功我国首个光伏发电示范项目——甘肃敦煌 10MW 并网光伏发电场项目。1.09 元 /（kW•h）电价的落定，标志着该上网电价不仅将成为国内后续并网光伏电站的重要基准参考价，同时亦是国内出台光伏发电补贴政策的重要依据。2010 年 1 月，已建成并网的大型光伏电站有保利协鑫徐州 20MW 项目、浙江正泰光伏宁夏 10MW 项目等。

2011 年 8 月初，国家发改委发布了《关于完善太阳能光伏发电上网电价政策的通知》，明确规定 2011 年 7 月 1 日前后核准的光伏发电项目的上网电价分别定为 1.15 元 /（kW•h）和 1 元 /（kW•h）时。这给光伏行业带来新的契机，但各地光照资源条件存在差异，采用“一刀切”的光伏上网电价，会造成未来一段时间西部地区光伏发电装机容量的增速明显超过东部地区的现象。

（3）太阳能发电发展前景

国际能源组织对太阳能产业的发展前景进行预测，认为 2010—2020 年间太阳能光伏发电发展速度复合增长率达到 35%，预计 2020 年太阳能光伏发电量将达到 280TW•h 以上，占当年总发电量的 1%， 2040 年占总发电量的 20%，未来太阳能产业的发展前景光明。

我国是世界上人均能源消耗比较低的国家，虽然一次能源消费总量居世界第二位，但人均能耗水平很低。1997 年商品能源人均消费量 1150kgce，仅为世界平均值的 55%，是经济合作与发展组织（OECD）国家的六分之一。当前我国正处于工业化的起飞阶段，随着国民经济的高速增长，能源需求也将有较大的增长。根据中国社科院数量经济研究所进行的长期能源需求预测，到 2050 年，我国一次能源需求将达 3440 ～ 4150Mtce，煤炭占一次能源消费量的比重将由 1990 年的 76.2%下降到 2050 年的 51.9%，以太阳能、风能等为主要构成的新能源和非水电可再生能源的比重上升到 5.5%，新能源发电将占国产能源供应能力的 12.8%。我国能源需求总量的增长和能源结构的改善为太阳能光伏发电提供了广阔的发展前景。

我国地域广大、人口众多，至今尚有 7000 万人生活在无电地区，这些偏僻边远地区人口密度低，远离大电网，长距离分散输电成本高，是太阳能光伏发电的主要消费市场。随着国家西部大开发战略的实施，我国广大中西部地区和边远地区人民生活水平将会得到明显改善，对能源消费需求也将出现快速增长，这些地区所拥有的丰富的太阳能资源和特殊的地理环境将会有力地牵引太阳能光伏发电市场。

各种太阳能电池是太阳能光伏发电的基本组件，太阳能电池的应用在我国具有十分广泛的前景。近几年来，许多重大工程，如在西北光缆干线中，大约一半线路的中继站上使用了太阳能电池；现在开通的高速公路上的各种显示、信号及通信设施等，也都广泛采用了太阳能电池。

根据我国《可再生能源中长期发展规划》，到 2015 年国内光伏装机要达 500 万 kW，到 2020 年光伏装机达 2000 万 kW，因此我国太阳能光伏市场空间巨大。预计到 2050 年，中国可再生能源的电力装机将占全国电力装机的 25%，其中光伏发电装机将占到 5%。预计 2030 年之前，中国太阳能装机容量的复合增长率将高达 25%以上。

太阳能发电有更加激动人心的计划。一个是日本提出的创世纪计划，准备利用沙漠和海洋面积进行发电，并通过超导电缆将全球太阳能发电站联成统一电网以便向全球供电。据测算，到 2050 年、2100 年，即使全用太阳能发电供给全球能源，占地也不过为 186.79 万 km^2、829.19 万 km^2。829.19 万 km^2 仅占全部海洋面积 2.3%或全部沙漠的 51.4%，甚至才是撒哈拉沙漠的 91.5%。另一个是天上发电方案。早在 1980 年美国宇航局和能源部就提出在空间建设太阳能发电站设想，准备在同步轨道上放一个长 10km、宽 5km 的大平板，上面布满太阳能电池，这样便可提供 500 万 kW 电力。但这需要解决向地面无线输电问题。现已提出用微波束、激光束等各种方案，虽已用模型飞机实现了短距离、短时间、小功率的微波无线输电，但离真正使用还有漫长的路程。

4.2.3 建筑物通风

建筑物通风有自然通风和机械通风两种。

自然通风（Natural Ventilation）依靠室外风力造成的风压和室内外空气温度差造成的热压，促使空气流动，使得建筑室内外空气交换。自然通风可以保证建筑室内获得新鲜空气，带走多余的热量，又不需要消耗动力，既节约能源，又节省设备投资和运行费用，因而是一种经济有效的通风方法，如图 4-15 所示。

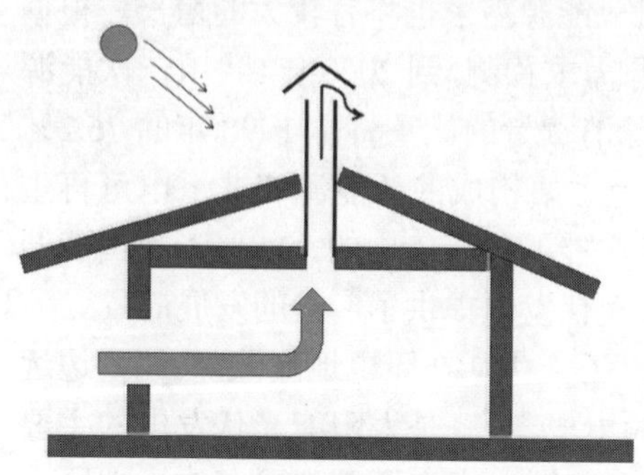

图 4-15 自然通风原理

机械通风是使用机械设备驱动力来

驱动通风过程，利用通风机的运转给空气一定的能量，造成通风压力以克服建筑通风阻力，使新鲜空气不断地进入建筑物，沿着预定路线流动，然后将污风再排出建筑物的通风方法，如图 4-16 所示。

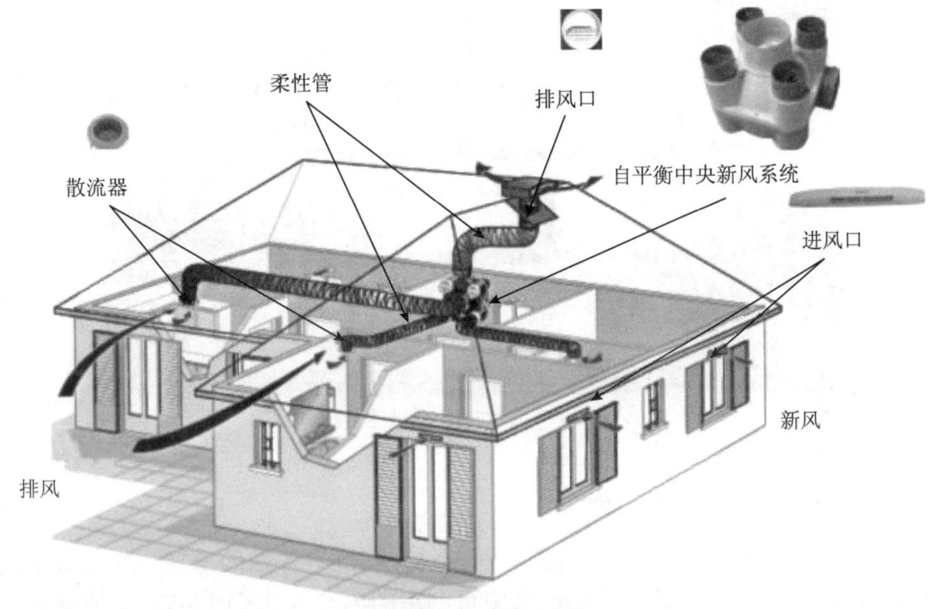

图 4-16　机械通风原理

4.2.4　自然采光

自然采光是指利用自然光为建筑的室内空间提供照明。利用自然采光可以最大限度减少甚至取消人工照明，节约能源的同时提供高质量的照明，有利于居住者或使用者的健康并提高工作效率。建筑内不同部位所要求的光量不同，通过某些富有创意以及考虑周全的设计，自然采光有可能在几乎任何类型的建筑中为大多数的功能空间提供足够的照明。

增加房屋的自然采光，除了提高房屋的门窗面积以外，还可以采用导光筒。管道式日光照明装置（Tubular Daylight Devices），在国内也有称光导照明或导光筒，它是太阳光利用的一种方式，属于绿色照明技术，该技术为光能的高效传输提供了可能的途径。管道式日光照明装置是一种无电照明系统，采用这种系统的建筑物，白天可以利用太阳光进行室内照明。该装置于 1986 年在澳大利亚被发明，2006 年开始在中国大陆开始运用。该装置可广泛应用在公共建筑、工业建筑和民用建筑中。如图 4-17 所示。

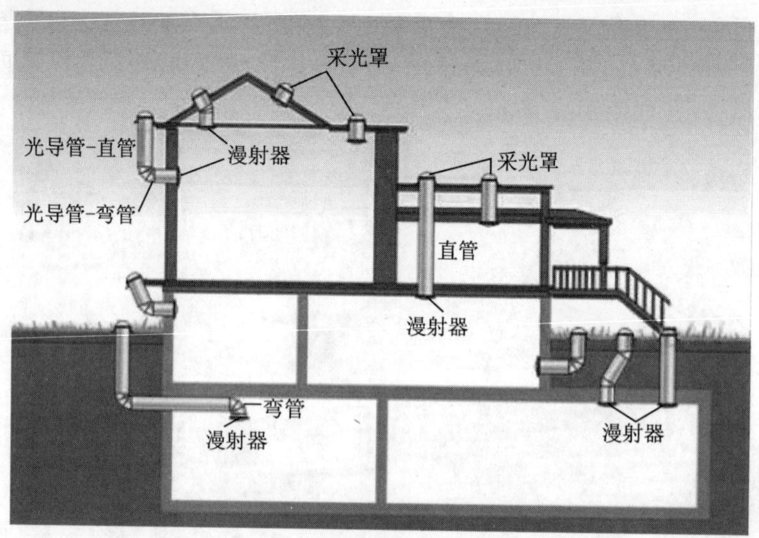

图 4-17　管道式日光照明装置

4.2.5　风力发电节能技术

风能作为一种清洁的可再生能源，越来越受到世界各国的重视。其蕴藏量巨大，全球的风能约为 2.74×10^9MW，其中可利用的风能为 2×10^7MW，比地球上可开发利用的水能总量还要大 10 倍。风力发电的原理是利用风力带动风车叶片旋转，再通过增速机将旋转的速度提升，来促使发电机发电。依据目前的风车技术，大约 3m/s 的微风速度（微风的程度），便可以开始发电。风力发电正在世界上形成一股热潮，因为风力发电不需要使用燃料，也不会产生辐射或空气污染。风力发电原理如图 4-18 所示；风力发电优缺点如表 4-2 所示。

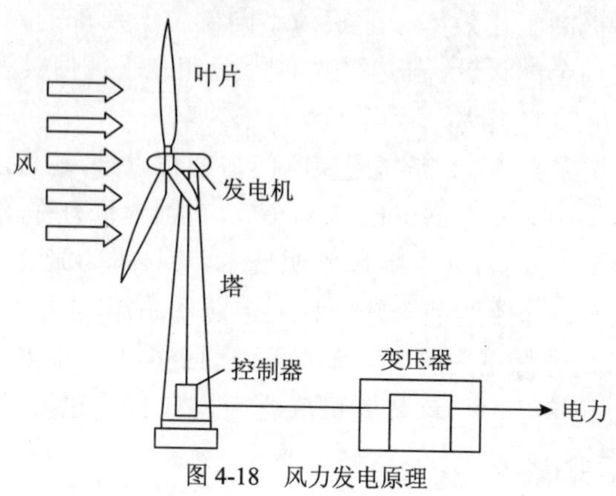

图 4-18　风力发电原理

风力发电的优缺点 表 4-2

优　点	缺　点
1. 清洁，环境效益好； 2. 可再生，永不枯竭； 3. 基建周期短； 4. 装机规模灵活	1. 噪声，视觉污染； 2. 占用大片土地； 3. 不稳定，不可控； 4. 成本较高； 5. 影响鸟类

"十五"（2001—2005 年）期间，中国的并网风电得到迅速发展。2006 年，中国风电累计装机容量已经达到 260 万 kW，成为继欧洲、美国和印度之后发展风力发电的主要市场之一。2007 年我国风电产业规模延续暴发式增长态势，截至 2007 年底，全国累计装机约 600 万 kW。2008 年 8 月，中国风电装机总量已经达到 700 万 kW，占中国发电总装机容量的 1%，位居世界第五，这也意味着中国已进入可再生能源大国行列。

2008 年以来，国内风电建设的热潮达到了白热化。2009 年，中国（不含台湾地区）新增风电机组 10129 台，容量 13803.2MW，同比增长 124%；累计安装风电机组 21581 台，容量 25805.3MW。2009 年，台湾地区新增风电机组 37 台，容量 77.9MW；累计安装风电机组 227 台，容量 436.05MW。

2011 年，我国风能发电占总发电量的比例为 1.5%，预计 2015 年这一比例上升至 3%，到 2050 年这一比例将会达到 17%。

4.2.6 地源热泵

（1）概念

地源热泵诞生于 20 世纪 80 年代中期。地源热泵是一种利用浅层和深层的大地能量，包括土壤、地下水、地表水等天然能源作为冬季热源和夏季冷源，然后再由热泵机组向建筑物供冷供热的系统；是一种利用可再生能源，既可供暖又可制冷的新型中央空调系统，如图 4-19 所示。

地源热泵系统的能量来源于自然能源。它不向外界排放任何废气、废水、废渣，是一种理想的"绿色空调"，被认为是目前可使用的对环境最友好和最有效的供热、供冷系统，可广阔应用在办公楼、宾馆、学校、宿舍、医院、饭店、商场、别墅、住宅等地点。地源热泵是陆地浅层能源通过输入少量的高品位能源（如电能），实现由低品位热能向高品位热能转移。通常地源热泵消耗 1kW·h 的能量，用户可以得到 4.4kW·h 以上的热量或冷量。地源热泵技术是一项值得大面积推广的建筑节能技术。

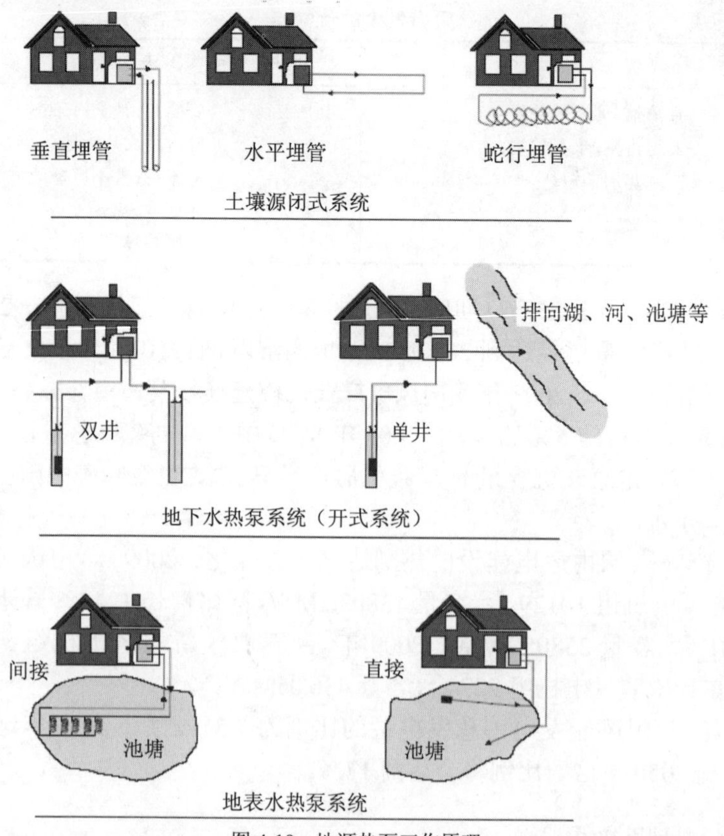

图 4-19 地源热泵工作原理

(2)类别

水源/地源热泵有开式和闭式两种。开式系统是直接利用水源进行热量传递的热泵系统。该系统需配备防砂堵、防结垢、水质净化等装置。闭式系统是在深埋于地下的封闭塑料管内，注入防冻液，通过换热器与水或土壤交换能量的封闭系统。闭式系统不受地下水位、水质等因素影响。

(3)优点

①环境和经济效益显著。地源热泵机组运行时，不消耗水也不污染水，不需要锅炉，不需要冷却塔，也不需要堆放燃料废物的场地，环保效益显著。地源热泵机组的电力消耗，与空气源热泵相比也可以减少 40%以上，与电供暖相比可以减少 70%以上。地源热泵的污染物排放，与空气源热泵相比减少 38%以上，与电供暖相比减少 70%以上，真正地实现了节能减排。

②一机多用，应用广泛。地源热泵系统可供暖、空调制冷，还可提供生活热水，

一机多用，一套系统可以替换原来的锅炉加空调的两套装置或系统。特别是对于同时有供热和供冷要求的建筑物，不仅节省了大量的能量，而且用一套设备可以同时满足供热、供冷、供生活用水的要求，减少了设备的初期投资。地源热泵可应用于宾馆、居住小区、公寓、厂房、商场、办公楼、学校等建筑，小型的地源热泵更适合于别墅住宅的采暖、空调。

③维护费用低并可无人值守。地源热泵系统运动部件要比常规系统少，因而减少了维护。其系统不是埋在地下就是安装在室内，不暴露在风雨中，机组紧凑、节省空间，更加可靠，也可免遭损坏、延长寿命。自动控制程度高，可远程管理，无须雇佣人员看管。

④寿命长。地源热泵的地下埋管选用聚乙烯和聚丙烯塑料管，寿命可达50年，要比普通空调多出35年的使用寿命。

⑤维持生态环境平衡。地源热泵夏天把室内的热量排到地下，冬天把地下的热量取出来供室内使用，相对来说，向环境排放更少的能量，有利于维持生态环境的平衡。

⑥节省空间。没有冷却塔、锅炉房和其他设备，省去了锅炉房、冷却塔占用的宝贵面积，可以产生附加经济效益，改善建筑外部形象。

（4）应用现状

目前，在国外大面积推广使用的是埋管式地源热泵技术。它是充分利用浅层地热的最佳技术途径。埋管式地源热泵在欧美国家已得到普遍应用，并被充分证明是成熟可行的技术。在我国，住房与城乡建设部和一些省市的建筑节能政策中明确提出要推广使用地源热泵。我国地源热泵使用面积如图4-20所示。

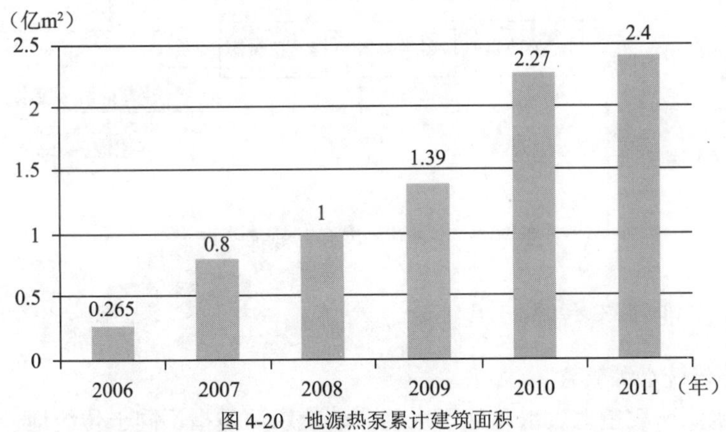

图4-20　地源热泵累计建筑面积

地源热泵适用于冬天的供热与夏天的制冷基本平衡的地区，在北方地区要慎重使用。根据以往使用经验，在北方地区使用，第一年供暖效果还比较好，第二年只能说是还可以，第三年效率就会下降20%，第四年就不大乐观了，并伴随有树木发芽开花相比正常时间推迟一个月、地下水出现结冰等现象。

4.2.7 余热回收利用技术

余热是指受历史、技术、理念等因素的局限性，在已投运的工业企业耗能装置中，原始设计未被合理利用的显热和潜热。它包括高温废气余热，冷却介质余热，废气、废水余热，高温产品和炉渣余热，化学反应余热，可燃废气、废液和废料余热等。根据调查，各行业的余热总资源约占其燃料消耗总量的17%～67%，可回收利用的余热资源约为余热总资源的60%。

余热的回收利用途径很多。一般说来，综合利用余热最好，其次是直接利用，再次是间接利用（如余热发电）。综合利用就是根据余热的品质，根据温度高低顺序按阶梯利用：品质高的可以用于生产工艺或余热发电；中等的（120～160℃）可以采用氨水吸收制冷设备来制取-30～5℃的冷量，用于空调或工业；低温的可以用来制热或利用吸收式热泵来提高热量的数量或温度，供生产和生活使用。具体应用例子如图4-21所示。

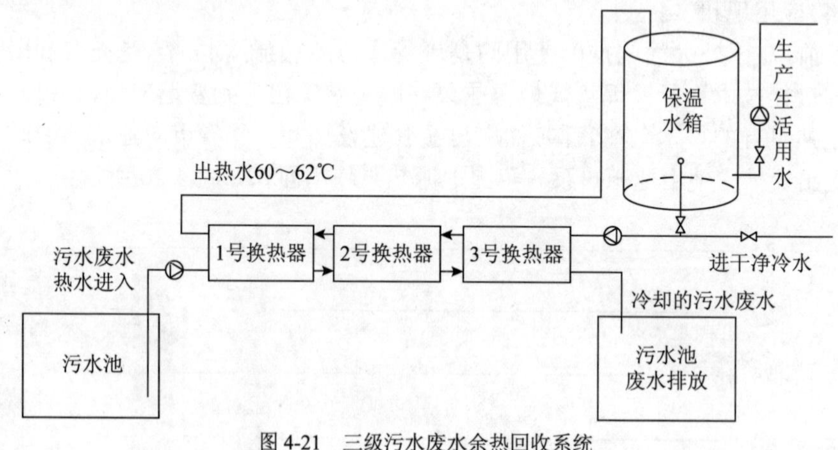

图4-21 三级污水废水余热回收系统

4.2.8 非传统水源利用

（1）非传统水源概念

传统水源一般指地表水和地下水。非传统水源是指不同于传统地表供水和地下供水的水源，包括再生水、雨水、海水等。

（2）非传统水源利用方式

①雨水：开发雨水资源，除解决生活用水外，因地制宜实施节水灌溉，做到秋蓄春用、长蓄短用，可以保护水资源，实现可持续利用。

②建筑中水：居民生活中由于洗浴等（除冲厕所外）产生的，经过简单处理即可满足低水质要求用水的污水。

③海水：滨海城市可直接利用海水冲厕所，海水淡化则可补充淡水水量，保证沿海城市居民的供水稳定。

非传统水源利用（中水利用）是指中水回用系统采用膜生物反应器（MBR）工艺，将盥洗、冲厕水以及区域内初期雨水进行中水工艺处理制取中水后，将达到《城市污水再生利用　城市杂用水水质》（GB/T 18920—2002）标准的水，作为公用的杂用补充水。其原理如图 4-22 所示。

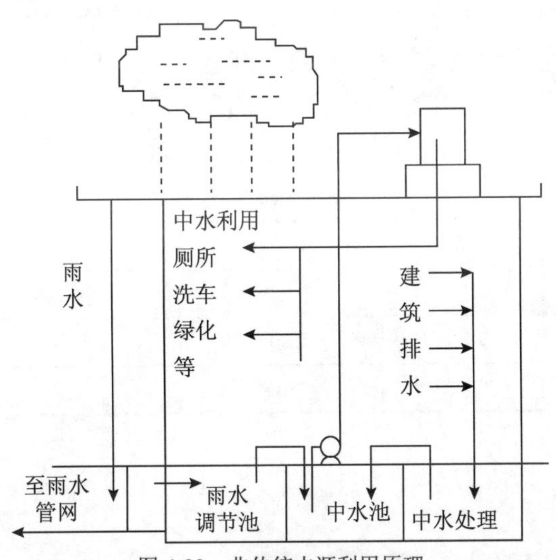

图 4-22　非传统水源利用原理

非传统水源利用率近年来一直是全世界节水的关键性指标。住宅小区及街道绿植、景观的浇灌、喷洒水源不得采用市政自来水和地下井水，应优先选择雨水、中水等非传统水源。

4.3　建筑节能使用

要实现降低整个建筑能耗的目标，除了建筑本身要使用节能设计和节能材料以外，建筑使用中即生活中的节能也十分重要。

生活中的节能是指在日常生活中，居民要使用节能电器（变频空调、节能冰箱、节能灯等）和养成良好的节能习惯（晚间短时间外出应随手关灯、电视待机时拔下电源等）。

下面介绍两种常用的节能电器的节能效果。

①变频空调：如果空调按照每年使用4个月，每月30天，每天平均运行8h计算，制冷运行时间为960h，假设空调平均功率为2000W，制冷期间，使用定速5级空调（EER=2.6）总耗电量为1920kW•h，如果使用目前上海标准5级的变频空调（EER=3.3），总耗电量为1510 kW•h，省电为410 kW•h，那么每台每年节省电费约270多元人民币。

②节能灯具：节能灯实际上就是一种紧凑型、自带镇流器的日光灯。节能灯寿命可达5000h以上，由于它运用效率较高的电子镇流器，同时不存在白炽灯那样的电流热效应，荧光粉的能量转换效率高，到达50 lm/W以上，所以节约电能。这种光源在达到同样光能输出的前提下，只需耗费普通白炽灯用电量的1/5～1/4。LED灯、节能筒灯与白炽灯的对比如表4-3所示。

节能灯与传统白炽灯各项参数比较 表4-3

品种	功率（W）	寿命（h）	价格（元）	年电费（元）
LED筒灯	3	50000	80～160	8
节能筒灯	9	1000	50～70	32
白炽灯	25	500	≈1	90

4.4 节能建筑案例

4.4.1 深圳建科大楼

建科大楼是深圳市建筑科学研究院科研办公楼，该项目以探索低成本和软技术为核心的绿色建筑实现模式为宗旨，以实现建筑全寿命周期内最大限度节约和高效利用资源、保护环境、减少污染为目标，融入了深圳市建筑科学研究院多年实践中取得的研究成果、专利技术，承载了实践绿色生活、绿色办公方式的梦想，成为一座荟萃地域特色、绿色科技和建筑艺术的绿色科研办公建筑。

深圳建科大楼地处深圳市福田区梅坳三路，用地面积 3000m^2，总建筑面积 18170 m^2，地下 2 层，地上 12 层，于 2009 年 4 月竣工投入使用，并于同年获得国家绿色建筑设计评价标识三星级及建筑能效标识三星级，如图 4-23 所示。

图 4-23 深圳建科大楼全景图

秉承成本低、本土低耗、开放的绿色理念，大楼设计遵循“被动优先、主动补充”的原则，优先利用自然条件创造适宜环境，仅当自然条件不能满足需要时采用机械设备系统辅助实现环境的适宜性。

4.4.1.1 气候、场地与建筑风格

深圳属亚热带海洋性气候，夏热冬暖，年平均气温为 22.5℃，最高气温为 38.7℃，年平均风速为 2.7m/s。在此气候条件下，建筑节能的关键为通风和遮阳，这也是建筑风格定位的首要考虑因素。

项目地块位于梅坳三路，三面环山——东、西及北向均为塘琅山，周围建筑密度较低——东侧为梅坳三路和一座 7 层高的办公楼，北侧为一座 1 ～ 2 层的办公楼，西侧为一座 9 层的办公楼，南侧为梅坳六路和一座 8 层的职工宿舍。基于场地环境特点，建筑风格定位为开放型，为利用自然条件营造适宜环境创造基础条件。

4.4.1.2 建筑功能需求与布局

大楼功能要求涵盖办公、会议、实验、展示、公寓、公共交流及餐饮等。建筑布局充分考虑了不同功能空间的使用需求。

1）垂直布局

结合不同功能区对环境的需求及交通流线组织，进行垂直分区布局。首层布置为开放式接待大厅和架空人工湿地公园，建筑覆盖但不独占用地，实现与周边环境的融合与共享。2～3层布置为向市民开放的绿色展厅，便于参观人流的组织。4层布置为轻型实验室。5～6层布置为主要的交流互动空间，包括5层300座报告厅及50座远程会议室，6层的空中花园及儿童乐园。交流互动空间布置于建筑中部具有最好的可达性。7～10层布置为办公空间，较高的楼层使得办公空间视野良好且离交通噪音源较远，为利用自然通风及采光创造条件。10～12层为生活配套区，包括11层的专家公寓、文娱活动室，12层的餐厅及员工活动室。地下1～2层主要为实验室、设备房及车库。

2）平面布局

综合朝向和风向进行平面布置如图4-24所示，大楼东侧及南侧日照好，同时处于上风向，因此布置为办公等主要使用空间。大楼西侧西晒严重影响室内热舒适，因此尽量布置为楼梯间、电梯间、洗手间等辅助空间，其中洗手间及吸烟区布置于下风向的西北侧。

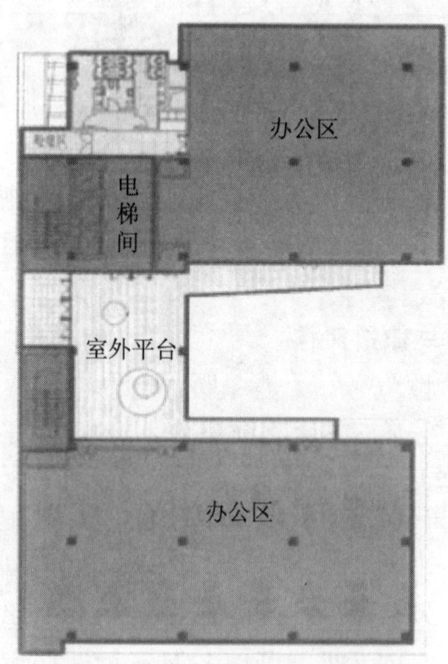

图4-24 标准层平面布局

4.4.1.3 主要空间设计

1）展示及实验空间

展示及实验空间位于2～4层。此类空间对室内环境温湿度要求较高，适宜进行人工控制。因此采用相对封闭的造型——窗户采用深凹的、面积较中空的Low-E玻璃窗，以最大限度地屏蔽太阳辐射、减小空调负荷，同时降低地面交通噪音影响，如图4-25所示。

a）整体视角

b）局部放大

图4-25　展示及实验空间深凹窗设计

2）交流互动空间

交流互动空间主要包括5层300座报告厅及50座远程会议室、6层空中花园及儿童乐园，同时也包括分布于各层的公共交流平台、屋顶花园及楼梯间等。此类空间对热环境要求较低，但对空气品质要求较高，因而尽量采用开敞式设计。报告厅外墙设计为可开启型（图4-26），6层设计为架空的花园式交流活动平台，各层公共交流空间、茶水间及楼梯间均设计为开敞式，屋顶花园也采用太阳能花架创造成半露天式公共交流空间。大量开敞空间使大楼空调区域面积较一般建筑大幅度降低。

a）关闭状态的报告厅外墙

b）开启状态的报告厅外墙

图4-26　报告厅可开启外墙

（1）报告厅

报告厅可开启外墙可全部打开，与西面开敞楼梯间形成良好的穿堂通风，也可根据需要任意调整开启角度，获得所需的通风效果。当天气凉爽时可充分利用室外新风作自然冷源，当天气酷热或者寒冷时可关小或关闭。

实践表明，报告厅在室外气温25℃以下时，可靠自然通风营造舒适的热环境，并提供良好的空气品质，而不需要空调。

此外，可开启外墙还具有自然采光功能。当白天演讲时，开启墙体可满足基本的背景泛光照明要求。当进行文艺表演时，墙体可完全关闭，人工营造合适的声光环境。

当自然通风不能满足需求时采用空调手段。由于报告厅空间高、人员密集且位置固定，因此空调系统采用了二次回风空调箱和座椅送风的空调形式，如图4-27所示。

a）整体效果

b）局部（送风柱）

图4-27　报告厅座椅送风

（2）开敞空间

空中花园及各层公共交流平台因环境优美、空气品质优越，成为憩息、会议、自助式宴会等交流首选地点。开敞楼梯间一方面减少照明能耗，另一方面良好的视野及空气流通减少了人们对电梯的依赖，成为员工健身的场所，如图4-28～图4-32所示。

图4-28　首层架空花园

图4-29　六层花园式交流平台

a）休闲平台绿化

b）休闲平台憩息交流

图 4-30　各层通风休闲（会议）平台

图 4-31　屋顶半露天花园

图 4-32　开敞通风楼梯（室内侧）

3）办公空间

办公空间主要分布于 7 ～ 10 层，有良好的视野。大楼 7 ～ 10 层采用“凹”字形平面，为办公空间奠定自然通风和自然采光基础。

结合照明采光模拟分析，“凹”字形平面布局将建筑进深控制在 15m 左右，加上连续条形窗户，基本能够满足晴天及阴天条件下的办公照明需求。为了得到更均匀柔和的照明效果，在窗户上还安设了具有遮阳和反光双重作用的遮阳反光板，并采用浅色天花板，如图 4-33 ～图 4-35 所示。

a）外立面视角

b）室内视角

图 4-33　办公空间连续条形窗设计

a）室内视角

b）外立面视角

图 4-34　反光遮阳板实景

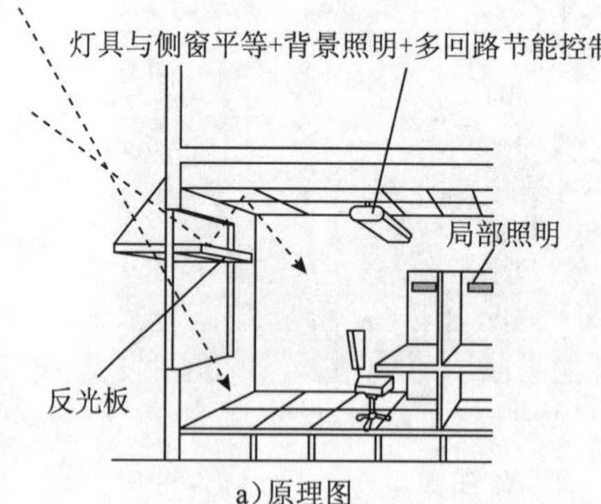

a）原理图

b）实际采光效果

图 4-35　照明设计与自然采光相结合

大楼设计尽量减少主要空间的太阳辐射得热。首先，将楼梯间、电梯、卫生间等非主要空间布置于大楼西部，尽可能地为办公区等主要空间构成天然的“功能遮阳”。其次，除北向以外的外窗均采用中空 Low-E 玻璃自遮阳。南区办公室西侧无法使用“功能遮阳”，因而采用了通风遮阳式光电幕墙，见图 4-36。在发电的同时作为遮阳措施减少西晒辐射得热，提高西面房间热舒适度，减少空调负荷。

在尽量将空调负荷减到最低、空调时间减到最短后，办公空间设置空调系统以满足天气酷热时的热舒适需求。为进一步降低能耗，也为满足科研需求，办公空间主要空调系统设置为可灵活控制的分散水环式冷水机组和集中冷却水系统；末端方面采用了溶液除湿新风系统和干式风机盘管 / 冷辐射吊顶。

4）生活配套区

11 层和 12 层为生活配套区，包括专家公寓、文娱活动室、餐厅及员工活动室。针对深圳夏季太阳高度角高的特点，在 11 层、12 层东向及南向窗户上实验性地设置了水平遮阳式光电板，如图 4-37 所示。

图 4-36　通风遮阳式光电幕墙

图 4-37　南向光电遮阳板

5）地下空间

地下室主要为对光线和空气品质要求较低的设备房及车库。地下车库利用光导管和玻璃采光井（顶），获得了良好的自然采光效果。玻璃采光井贯穿两层，地面景观水池的透明玻璃底作为地下 1 层的采光顶，地下 1 层设置的锥形采光顶作为地下 2 层的采光顶，既充分利用其他设施，又节省空间面积，同时具有良好的采光效果，如图 4-38 所示。

a）地面采光顶

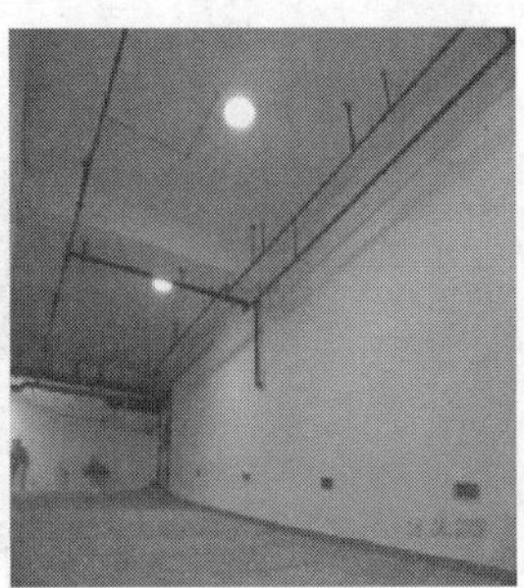

b）地下车库光照效果

c）地下 1 层锥形采光顶

图 4-38　地下空间自然采光

4.4.1.4　可再生能源利用

大楼设置了太阳能热水系统和光伏发电系统。太阳能热水系统为淋浴间及厨房提供热水，光伏发电系统所发电能并入大楼内部电网。2009 年 7 月—2010 年 1 月，光伏发电系统总量为 3.6 万 kW•h，估计年发电量为 6 万 kW•h，约占总用电量的 8%。

4.4.1.5 绿色运行及效果

1）绿色运行

由于大楼属于绿色建筑，该单位也倡导绿色生活理念，因此大楼特别量身定做了绿色运行方式。主要包括：一般情况下，仅当室外气温高于28℃时，才开启集中冷却水系统，各楼层主机及末端由使用人员按需开启；根据自然采光效果变化，及时开关照明灯具，保证满足使用需求而不浪费电能。

2）运行效果

（1）员工满意度

对员工满意度调查结果表明，近90%的员工认为大楼的办公环境比较舒适，工作效率较高。

（2）节能效果

建科大楼目前所用能源全部为电能。由7个月的运行能耗数据看，建科大楼单位建筑面积能耗大幅度低于当地典型办公建筑平均能耗水平，见图4-39。

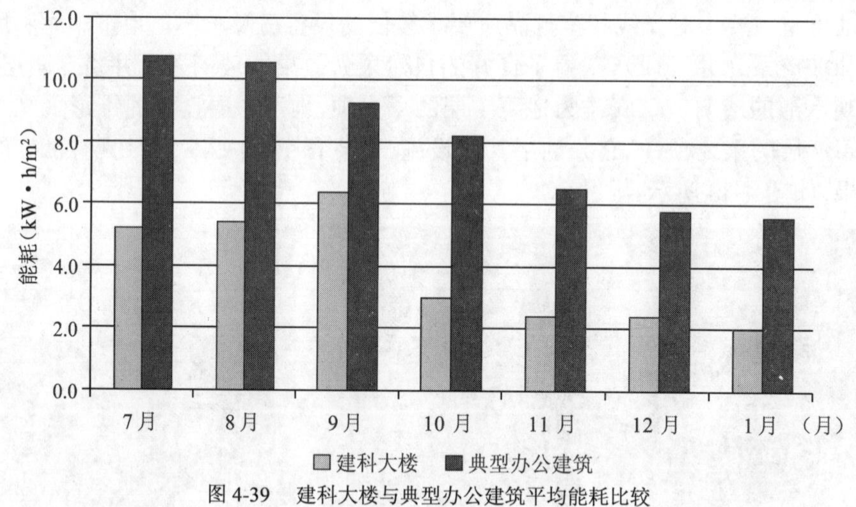

图4-39 建科大楼与典型办公建筑平均能耗比较

深圳地区空调季节一般为4～11月，其中6～9月为空调高峰期，4～5月与10～11月天气相当，办公建筑照明插座用电全年比较稳定。因此，根据2009年7月至2010年1月共7个月的能耗数据，初步估算建科大楼全年总能耗为44.4kW•h/（m²•a），空调能耗约为15.9 kW•h/（m²•a），占总能耗的36%，照明插座能耗为14.1 kW•h/（m²•a），占总能耗的31%，如图4-40所示。

如表4-4所示，与典型办公建筑分项能耗水平比较，建科大楼空调能耗比同类建筑低约63%，照明能耗比典型同类建筑低约71%；与典型办公建筑平均水平相比，建科大楼总能耗比典型办公建筑平均能耗低 63%，常规电能消耗比典型同类建筑低 66%。按此能耗水平计算，在 50 年的设计使用周期内，建科大楼共可节约常规电能约 5472 万 kW•h，间接减排 5.4 万吨 CO_2。

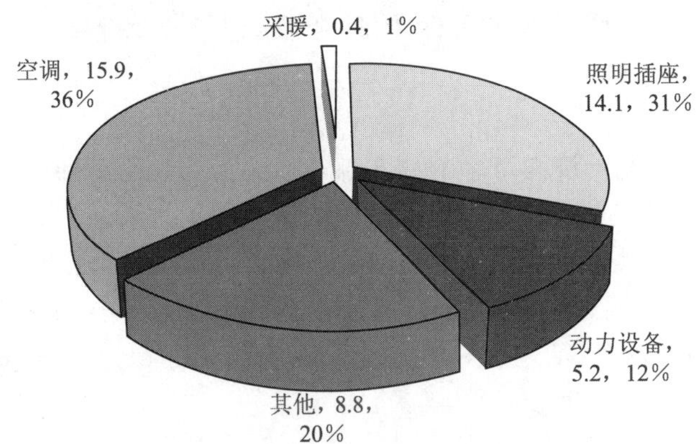

图 4-40　建科大楼全年分项能耗[kW•h/(m²•a)]

建科大楼与典型办公建筑分项能耗比较　　表 4-4

项目	空调	照明与插座	总能耗	常规能耗
建科大楼[kW•h/(m²•a)]	15.9	14.1	44.4	40.6
典型办公建筑平均水平[kW•h/(m²•a)]	42.4	48.9	119.9	119.9
建科大楼典型办公建筑平均水平之比	37.5%	29%	37%	33.9%

注：建科大楼单位建筑面积光伏发电量为 3.8kW•h/(m²•a)。

虽然建科大楼取得了良好的节能效果，但也仍存在较大节能潜力。建科大楼分散于各层的水环冷水机组（内置冷冻泵）能耗比例约为 39%；集中式冷却水系统中，冷却泵能耗约占 18%，冷却塔占 19%。冷却水系统能耗明显偏高，主要原因是分散的冷却水机组可以根据需要灵活调节，而冷却水系统暂时无调节措施。此外，冷却塔冷却效果差也是造成冷却水系统能耗过高的原因之一。

4.4.2　山东交通学院图书馆

1）概述

由清华大学建筑学院设计的山东交通学院图书馆，是一座地上 5 层、地下 1 层的现代化校园建筑，总建筑面积约 15700m²。该工程意在建成集环保、节能、健康于一体的绿色生态建筑，为山东交通学院广大师生提供一个健康、美观、高效的学习工作环境，并充分实现人、建筑与自然的和谐与统一。

该图书馆于2000年6月开始设计，2003年5月竣工运行。作为国内较早探索绿色生态技术策略并得以实施的一个项目，山东交通学院图书馆是综合运用生态设计策略，在采用普通技术条件下建成的绿色建筑。在有限的投资条件下，不仅实现了节地、节能、节水、节材的目标，同时也创造出了一个健康舒适的室内环境。

2）主要特点

（1）场地建设

山东交通学院位于济南市区的西北部。该区为辉长岩分布区，风化后，砂、岩混杂；地段内被人为地大量挖取岩石，形成坑洼不平的地貌。并且，由于常年倾倒垃圾，垃圾堆积深度达4～5m。场地内垃圾与风化后的岩体混杂，形成恶劣的地貌环境（图4-41）。通过采取措施，回填自然土壤，保持土壤渗透率，利用水塘改善周围环境，在对垃圾彻底清理和对水塘改建后，开辟出面积为7000多m^2的建设用地，臭水塘也变成了校园水景（图4-42）。

图4-41　原有地貌

图4-42　图书馆北立面

（2）节能与室内环境

济南尽管地处寒冷地区，但夏季非常闷热，被称作新四大火炉之一，最热月平均温度达到27.4℃，最高温度常超过40℃，最冷月平均温度达到 -1.4℃，最低温度低于 -10℃。这样的气象条件导致完全靠被动式的环境控制方法无法维持冬夏的室内环境在舒适范围内，空调与采暖已然是必不可少的手段。同时，由于图书馆是一个大内区、人员聚集的建筑，需要充足的通风以保证良好的室内空气品质，以及提供充足的室内温度。因此，如何最大限度地降低空调采暖、通风系统及照明系统的运行能耗，成为本建筑业主最为关心的问题。同时，作为一个地方学校，必须严格控制建设成本。因此，低成本、适宜性节能技术成为本项目节能设计的首要选择。由于学校有寒暑假，因此最热月和最冷月期间冷热负荷显著下降也是一个有利条件，例如夏季的冷负荷峰值往往发生在7月中旬，而后由于学生放假，图书馆运行时间变短，室内人员也相应减少而导致负荷降低。

首先，被动式的环境控制设计是设计师第一步考虑的问题，包括遮阳、自然通风、天然采光、温室效应和地道通风等。

该图书馆采用了不同类型的遮阳方式。该建筑的主入口在西立面，为了解决入口西晒的问题，又要避免西向房间有闭塞的感觉，在西侧里面设置了分离式遮阳墙[图4-43a)和图4-43b)]。东侧采取了退台式的绿化遮阳方式，夏季利用绿叶爬藤植物遮挡日晒，冬季落叶后则不会遮挡阳光[图4-43c)]。南侧玻璃咖啡厅的玻璃幕墙设置水平遮阳[图4-43d)]，而且变废为宝，利用在校园搜集到的废旧日光灯管在顶部密集排布，形成了半透明的内遮阳装置，该内遮阳装置具有反射阳光直射辐射并兼具散射日光、改善天然采光条件的作用。夏季利用水平遮阳格栅和顶部的内遮阳有效阻挡阳光的直射入射，阳光可以透过水平遮阳格栅的缝隙进入大厅，见图4-44。而图书馆的屋面用做阅读和自由活动空间，屋面除了设置了绿化草坪以外，还设置了很多固定式的植物攀爬架为读者提供遮阳。

a)分离式遮阳墙外部

b)分离式遮阳墙内部

c)绿化遮阳

d)玻璃幕墙设置水平遮阳

图4-43　各种遮阳方式

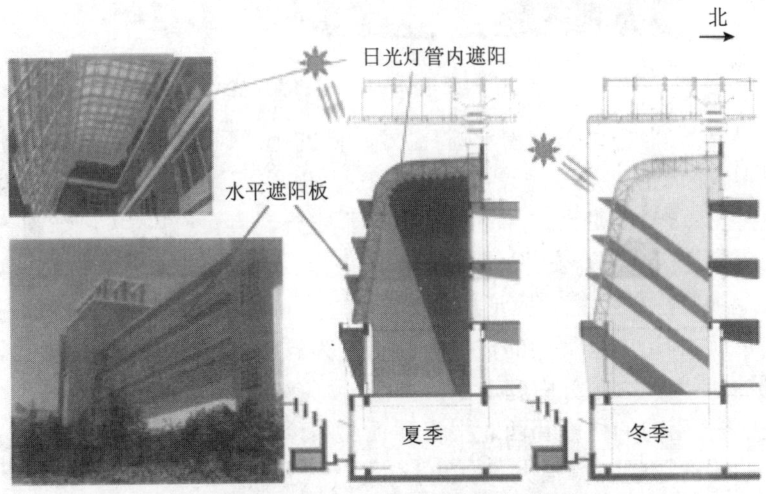

图4-44　南向遮阳在不同季节的使用模式

被动式通风系统设计是本项目的一个显著特色。由于图书馆有大内区,外窗影响范围有限,因此热压通风的作用比风压可能发挥的作用更大。本建筑的被动式通风系统的组成主要包括中庭与边庭的拔风烟囱驱动热压通风,外窗、窗下百叶及内部隔断的顶窗等开口作为主要气流路径,边庭的温室作为温度缓冲区,地下风道为夏季和过渡季提供新风冷源,为冬季提供新风预热。拔风烟囱由出风百叶、风阀和滤网组成,在冬季需要降低热压拔风作用的时候可以全部或者部分关闭。被动式通风的设计分别采用了 CFD 模拟和区域网络法模拟,所有窗户和气流通道的开启位置、开启面积及方向都根据模拟结果来确定。

在中庭顶部设置拔风烟囱,利用太阳能加热空气产生热压,把室外空气通过门窗或者地道抽进来,把室内空气由顶部的烟囱排出去,这种方法在过渡季或气温适宜的夏季起到了很好的通风降温作用,如图 4-45 所示。

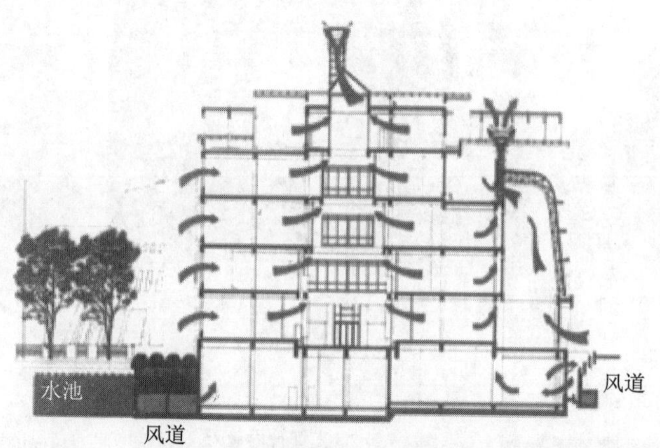

图 4-45　过渡季和凉爽夏季的通风模式

在盛夏酷热期,白天关闭窗户,将温度较低的地道风作为空调系统的新风送入室内,并利用拔风烟囱从中庭顶部把热空气排出;夜间安全起见,仅打开窗下的百叶引入室外空气,只要烟囱内和室内温度高于室外温度,顶部的拔风烟囱就会靠热压来驱动夜间通风降温。冬季则关闭南向边庭的顶部通风口,积蓄太阳辐射热,利用南侧玻璃咖啡厅的温室效应形成温度缓冲区,同时利用地道的预热作用来降低新风加热负荷,利用中庭烟囱的拔风作用将较为温暖的空气引入阅览室,减小采暖负荷,但是需要关闭大部分中庭烟囱的阀门,以免渗入新风量过大。

中央中庭、南向的边庭和西北报告厅顶部的珍藏本阅览室均设计了采光屋顶,而阅览室的侧窗尽量开得很大,利用它们将自然光引入建筑内部。阅览室与中庭之间的隔断均为玻璃隔断,以综合利用外窗和中庭天窗的采光作用为内区照明,节约人工照明能耗。玻璃隔墙顶部的可开启窗的作用是为通过阅览室外窗到中庭烟囱的热压通风提供气流通道。这样的采光设计使得该图书馆在使用期间需要开灯照明的空间和小时数都大大减少了。

该图书馆的空调系统主要由风机盘管加新风系统与全空气系统组成。内区中庭、学术报告厅、录像厅等空间采用的是全空气系统，而以外区为主的阅览室采用的是风机盘管加新风系统。由于济南室外空气夏热冬冷，为了降低夏季空调和冬季采暖的新风负荷，本项目通过地道风降温技术，利用土壤蓄存的能量来对室外空气分别进行预冷或加热，同时在过渡季利用其作为免费冷源来改善室内环境。在地面下共敷设了两根45m长、一根85m长，断面均为2m×2.5m的地道，见图4-46。风道顶部埋深为1.5m，平均风速为0.45m/s。根据济南地温实测值和气温全年变化值，模拟计算得到当夏季风道进口最高气温为36℃时，出口温度为31.76℃，温度降低幅度约为4℃。

本项目冬季采暖的热源是校园的锅炉集中采暖系统。而由于该建筑的屋顶已经全部用做学生阅读和自由活动空间，就不宜在屋面再设置冷却塔。因此夏季空调的冷水机组用景观水池作为冷却水源，在水池中设置了换热盘管(图4-47)。

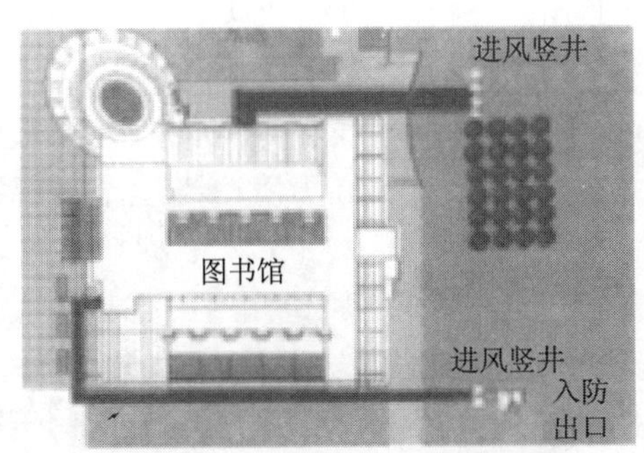

图4-46 地下风道的位置及内部实景

图4-47 池水冷却盘管代替冷却塔

(3)节水、节材及其他

本项目利用池塘周围的凹形地势，并在建筑上设置了雨水搜集池，将多雨季节的水收集起来，进行过滤沉淀消毒，用作池塘的补充水，或者用来浇灌绿地，如图4-48所示。水塘自然水除了作为冷却水以外，还用作室内水景循环用水，同时室内使用了节水洁具。

本项目80%的建材来自当地。室内设计中，柱子及地下室混凝土墙都尽量利用素混凝土面装饰，中庭内墙采用外墙砖贴面，避免繁复的装饰用材，减少了装饰材料的耗费。在图书馆结构设计方面，采取的措施是荷载统一、柱网统一，以适应不同功能房间的多重要求。

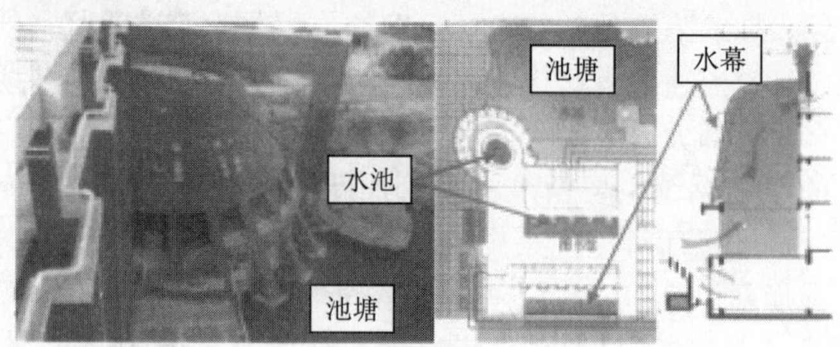

图 4-48 节水技术的利用

3）测试与运行效果

2006 年 7 月 1 日至 10 日对山东交通学院图书馆进行了现场测试，并结合 2003 年 5 月至 2006 年 11 月的实际运行数据记录对其能耗情况进行了分析。

从 2003 年 5 月运行至 2006 年 11 月一共四个夏季，空调箱与冷站电表记录的累计耗电量为 70.85 万 kW•h。按照空调面积 13000m^2 计算，可求得年均空调耗电量为 13.6kW•h/（m^2•a）。这个数字不包括风机盘管的电耗，但包括冬季采暖期水泵的电耗。

图书馆与一个数百平方米的检修工厂共用一个锅炉采暖，供热量也难以拆分。由于图书馆的供热面积比检修大厂大得多，所以只能暂且忽略检修工厂的采暖能耗，全部算作图书馆的能耗。2003—2006 年锅炉采暖烧煤量为 100t/a，按照采暖面积 13000m^2 计算，冬季采暖耗煤量为 7.8kgce/（m^2•a），低于济南当地节能标准 20%。

通过 2006 年 7 月 3 日至 6 日（暑假前），对 3 条地下风道作用的实测结果得知地道风降温效果显著，而且室外温度越高，地道风的降温效果越明显。

该图书馆日间空调系统维持室内温度在 26 ～ 26.5℃，夜间则打开外区阅览室下部的窗扇，通过窗下的百叶和屋顶两排拔风烟囱进行自然通风降温。为了了解夏季夜间热压通风的降温作用，2006 年 7 月 3 日、4 日和 7 日夜晚连续对图书馆不同朝向房间的室温进行了实测，并通过图书馆屋顶的拔风烟囱测量建筑整体的热压通风换气量。测试发现夜间热压自然通风可实现换气次数 2.5 ～ 3.5 次 /h。测试结果表明楼层越高，降温幅度约小：5 层房间的降温幅度为 1℃左右，1 ～ 4 层降温幅度比较大，可达 1.5 ～ 2.0℃，但 1 层不开窗通风的房间室温比较稳定，自然降温只有 0.5℃左右。由于夜间通风降温后很多房间清晨室温都降到 25℃以下，因此图书馆上午空调开机的时间均可以推迟到 9：00 或者 10：00 以后。

采用水池内沉入式盘管代替冷却塔是一个新的尝试，实际测试结果表明池水下部水温维持在 30.5℃左右，最大负荷时冷凝器进口水温为 33.7℃，出口水温为

38.2℃，高于设计值 32℃和 37℃。但冷却水的实际流量为设计流量的 150%，因此螺杆式冷水机组的 COP 仍然维持在 4.0，单台冷水机组的实际最大制冷量达到 604kW，比额定制冷量高 28%，能够满足整个图书馆的供冷要求，不需要同时开启两台冷水机组。

2009 年 6 月再次对该图书馆进行了现场测试。6 月 6 日 10:00 ～ 15:00 对图书馆日间自然通风的效果进行了测试。测试期间室外平均温、湿度分别为 24.6℃、65.5%，室内各房间温度范围为 26 ～ 28℃，相对湿度为 50% ～ 60%，风速为 0.1 ～ 0.6m/s，室内外温差不超过 3℃，室内人员均感到舒适，不需要开空调。另外对图书馆各房间昼间天然采光效果的实测发现，80%以上的空间都能够满足最低照度要求 200 lx[1]，只有 1、2 层阅览室靠近中庭的内区部分有照度不足的现象，需要用人工照明来补足。

4）总结

山东交通学院图书馆注重把生态技术构件作为建筑艺术元素进行处理，实现技术与建筑艺术的结合。外立面设计注重与教学楼群形成统一的建筑风格，屋顶的绿化构架及绿化、拔风烟囱，西向遮阳墙，南侧玻璃大厅遮阳板等，都构成新的建筑艺术表现元素，形成了该建筑的艺术特征。

通过实测发现，山东交通学院图书馆实际运行能耗低的原因除了建筑本体采用了大量被动式节能设计外，运行期间注重充分利用被动式环境控制手段，有效减少空调系统的运行时间和人工照明时间的指导思想也起到了非常重要的作用。

注重经济节约是该项目的一大特点。在设计中注重低成本技术和产品的集成和可推广性，设计中尽量采用普通建筑材料，着重技术的适宜性，降低材料与技术成本。最终建筑安装费用为 2150 元 /m^2，比当地同类建筑仅增加 3%。本项目的经验易于在各种类型普通建筑中推广。

鉴于在节能、节水、节地、节材、室内环境和运营管理等方面全面达到了绿色建筑评价标准的要求，本项目荣获 2005 年教育部优秀建筑设计一等奖和 2007 年建设部绿色建筑创新奖一等奖，并被评为 2007 年中国建筑节能年度代表工程。2009 年山东交通学院图书馆又成为第一批获得住房与城乡建设部绿色建筑运行评价的建筑，获得绿色建筑运行 2 星级标识。

山东交通学院图书馆的设计和建设，对于在当前国情下发展我国低成本绿色建筑提供了有益的示范。

---

[1] lx，中文名为勒克斯，照度的国际单位，又称米烛光。

思考与调研

1. 建筑设计时哪些措施可以帮助建筑节能？
2. 根据你家乡的地理位置，房屋设计时朝向哪个方位最节能？
3. 建筑墙体的内保温和外保温的优缺点有哪些？
4. 太阳能利用有哪些途径？请举例说明。
5. 试分析风能发电的优缺点。
6. 试分析地热能利用的适用范围。
7. 试阐述深圳建科大楼与山东交通学院图书馆所采用建筑节能技术的异同。
8. 调研你家庭所在地新建住宅的内外保温技术的应用现状。
9. 调研你家庭所在地的比较有名的节能建筑用到的节能技术。
10. 调研你家庭住房的节能情况，填写下表。

家庭住房有无节能措施或做过节能改造

家庭所在地住房	部　位		打"√"或注明具体措施
无	—		
有	屋顶		
	门窗		
	墙体		
	地面		
	新能源利用	风能利用	
		太阳能利用	
		地热能利用	
		其他	

第5章 | 建筑节能成本与效益

可持续发展建筑要实现节能环保的目标，势必会增加施工期间的成本投入然而这种投入是有效益的，可以降低建筑使用中的能源消耗，从而全寿命周期的总投资会减少。本章通过举例的方式，分析了可持续发展建筑中的若干误区，阐明了节能建筑的经济效益和社会效益。

5.1 绿色建筑发展中的认识误区

虽然绿色节能建筑在中国发展了很长时间，但是人们对绿色建筑发展的认识仍然存在很大误区。主要有三个误区：认为绿色建筑等于高成本建筑，绿色建筑等于绿化建筑，绿色建筑等于高科技建筑。总之认为绿色建筑高高在上，普通老百姓买套房就倾家荡产了，绿色节能建筑更是高攀不起。为了促进绿色建筑的发展，这些错误观念必须要纠正。

（1）绿色建筑≠高科技建筑

绿色建筑的本质是建筑适应地理气候、满足使用功能。高技术只是实现绿色建筑目标的手段之一，不是唯一途径。通过采用传统技术策略或适宜技术策略（如采用自然通风，自然采光以及被动式的保温、隔热和缓冲层设计措施等），绝大多数情况下完全可以实现高新技术策略相同的效果。

（2）绿色建筑≠高成本建筑

绿色建筑强调通过优化设计实现资源、能源的节约和循环使用，强调因地制宜和材料的本地化，从而不会过多增加成本。即便是建设中的成本增加，也完全有可能通过材料的再利用，运行阶段的节能、节水、节约资源等措施在一段时间（几年）内收回。产品或建材，买的人越多，运用越广泛，产品成本就会越下降，绿色建筑也是如此。

（3）绿色建筑≠绿化建筑

这个概念曾经被滥用，认为绿色建筑就是绿化好的建筑，这是完全错误的。利用绿化净化空气、美化环境，只是绿色建筑的部分要求。绿色建筑追求的是“四节一环保”目标，内涵更为广泛。

比如延安窑洞，即不高科技，也不高成本，只要解决好卫生间和通风问题，就是很好的绿色建筑。窑洞因地制宜、就地取材、适应气候，生土材料施工简便、便于自建、造价低廉、有利于再生与良性循环，最符合生态建筑原则，是“天人合一”环境观的最佳典例。黄土具有良好的隔热和蓄热功能，从而冬暖夏凉，起到了节能的效果，如图5-1所示。

图5-1 延安窑洞

5.2 绿色建筑节能改造的成本与效益

5.2.1 酒店建筑节能改造案例

(1)上海虹桥宾馆

虹桥宾馆是虹桥地区标志性建筑之一，于1988年8月8日开业，为涉外商务酒店。主楼地上部分33层，高102m，主楼平面呈等边三角形结构。宾馆主楼结构为框架——剪力墙结构，主楼墙面粘贴条状方形金属釉面砖，局部粘贴白色条形面砖。

虹桥宾馆的节能改造从2005年到2011年持续进行，这期间从建筑围护结构到机电设备持续进行节能改造。其节能效果如表5-1所示。

上海虹桥宾馆2005—2011年建筑能耗情况　表5-1

年份	2005年	2006年	2007年	2008年	2009年	2010年	2011年
能耗(tce)	5122	3855	3721	3400	3255	3153	2915

(2)上海王宝和大酒店

上海王宝和大酒店位于上海市黄浦区九江路,紧邻繁华的南京路步行街,酒店楼高28层,拥有各种客房319间,高档的宴会厅、商务会议厅、健身中心若干。

该项目在2011年对酒店的空调系统和照明系统等进行综合改造,项目投资约1955万元。项目完成后,每年可节约能耗超过1000tce。上海王宝和大酒店是国内首家全面采用LED灯具作为照明光源的酒店。

5.2.2 办公建筑节能改造案例

深圳市民中心位于深圳市中心区中轴线上,总建筑面积21万m^2,总空调面积16.8万m^2,是深圳的标志性建筑。建筑分为A、B、C区三部分。A区主要是政府办公用房,B区主要以公共空间为主,C区主要是人大办公用房及深圳市博物馆。具体改造对象和改造效果如表5-2和表5-3所列。

深圳市民中心节能改造项目 表5-2

改造对象	改造结果
楼宇自控系统	恢复原自控系统,并在此基础上建立集中监控系统,初步建立楼宇自控系统平台,并预留扩展接口
中央空调系统	利用原有消防水池,进行水蓄冷改造,实现移峰填谷
水泵变频	安装水系统智能节能控制系统,实现自动变流量运行
冷凝器	安装冷凝器在线清洗系统,保持主机高效运行
水处理	安装化学水处理自动加药系统,杀菌除藻,保持水系统运行效率
风机变频	安装风机变频控制系统,实现远程启停控制及变流量运行

深圳市民中心节能改造效果 表5-3

改造对象	中央空调水蓄冷改造	水系统节能改造	风系统节能改造
节约费用(万元)	92.8	84.8	65.9
节约费用合计(万元)	243.6		
系统综合节能率(%)	20		

5.2.3 商业建筑节能改造案例

(1)上海第一八佰伴

上海第一八佰伴位于上海浦东陆家嘴金融贸易区内,总建筑面积14.4万m^2,商场面积10.8万m^2,商场于1995年开门迎客,是集购物、娱乐、餐饮及办公楼为一体的多功能、现代化、综合性商业大厦。其节能改造项目与效果如表5-4和表5-5

所列。

上海第一八佰伴节能改造项目　表 5-4

改造对象	改造结果
空调风系统	对一次回风系统进行全新风改造;根据环境温度、回风温度等条件,实时调节原新风阀、现新风阀、回风阀以及排风机
冷水机组	经过全新风改造后,可减少制冷需求,停用 2 台冷水机组及其配套水泵。

上海第一八佰伴节能改造效果　表 5-5

改造前全年能耗(tce)	445.4
改造后全年能耗(tce)	166.1
节能量(tce)	279.3
节能率(%)	62
投资金额(万元)	177

(2)上海百联中环购物广场

上海百联中环购物广场是集购物、餐饮、休闲、文化、娱乐为一体的超大型、现代化消费场所。它位于上海市普陀区,沪宁高速公路与真北路中环线交汇处,属于真北商贸群和真光商业中心范围。占地 10 万 m^2,建筑面积 43 万 m^2,其中商业建筑面积近 25 万 m^2,是目前长三角地区最大的购物广场。上海百联中环购物广场原中央空调系统为定流量系统。2008 年,商场对中央空调系统采取了闭环变流量控制改造。其改造投资与效果如表 5-6 所示。

上海百联中环购物广场中央空调系统改造投入与回报　表 5-6

对比项目	项目实施前	项目实施后	节能量
耗电量(kW·h)	16414272	11437985	4976287
能耗(tce)	6631.4	4621	2010.4
节能率(%)	30.3		
投资金额(万元)	421		
投资回收期(月)	约 12		

注:设备全年运行,冷冻机、水泵运行 6 个月,风机运行 12 个月。

5.2.4　学校建筑节能改造案例

同济大学浴室节能环保综合项目采用的建筑节能技术有:

①浴室采用太阳能智能集中供热系统，通过太阳能集热模块吸收太阳能，对管道内的冷水加温，利用清洁的太阳能加热水包括太阳能智能供热。

②采用中水回用技术处理，通过采用膜生物反应器组合工艺，进行水处理，将处理后的水直接用于景观及绿化灌溉。

③增设了热交换池，充分利用洗浴废水的剩余热能，来加热新鲜水。

改造后，整个项目可以节约能源超过1/3，上述三项技术应用的投入产出比合理，分别投入4.5万元、52万元和200万元，相应的投资回收期分别为3个半月、4年4个月和9年2个月。

5.2.5 住宅建筑节能改造案例

(1)唐山的GTZ旧房节能改造工程

中国既有建筑节能改造项目是2004年中国政府与德国政府之间签署的技术合作项目之一。该项目包含政策标准、示范工程、技术支持、产业合作和知识管理五个活动领域。德国政府为此项目提供技术支持。项目执行期为2005年至2010年。2005年12月，原建设部科技司与德国技术合作公司共同成立了中德项目管理办公室，负责整体项目的实施。唐山市负责实施项目示范工程，并确定震后兴建于1978年的河北1号小区509#、512#、515#三栋住宅楼为建筑节能改造示范楼。2006年2月该项目正式启动。

本着“谁受益、谁投资”的原则，节能改造资金由政府、供热企业、业主共同承担。政府给每户补贴3000元，户主自出2000元，国外援助2000元，实际上每户投入不到一万元。截至2006年7月15日，示范工程指挥部与135户居民全部签署了改造协议，当月，135户居民全都交纳了节能改造的费用。

对建筑进行9项节能改造，包括外保温、供热仪表、调节器、玻璃窗等，有的还对水循环系统进行了全面改造。供暖系统管道的安装和施工由供热公司负责；外墙外保温系统、屋面保温系统、屋面防水、阳台加固改造、楼梯间粉刷、楼梯间太阳能声光控楼道灯、楼宇保温对讲门、楼道入口雨棚、信箱的费用及施工经费由政府负责；室内暖气片等的费用由政府和居民共同承担；外窗以及防护栏的费用由居民全部承担。外围护结构部分，外墙外贴8～10cm的聚苯乙烯泡沫板或聚氨酯板外墙外保温系统；屋顶增加14cm的聚苯乙烯泡沫板或聚氨酯板保温层，做新的防水层；拆除所有外窗更换为中空玻璃塑钢窗；楼梯间用保温防盗门封闭；1、2层安装安全护栏。三栋示范楼分别采用了垂直双管系统，散热器上加热分配表、自动温控阀；新双管系统，室内分环，每户加装热计量表，散热器加自动恒温阀；在原单管系统上加旁通管、自动温控阀，散热器上加热分配表。

由于德国的建筑节能技术比较成熟先进，唐山的 GTZ 旧房节能改造工程，改造后每户一年减少的开支就达到 3000 元以上。后来周边的许多居民都主动要求改造，而且提出每户可以自出 5000 元以上的改造费用。唐山市以三栋住宅楼为试点，将建筑节能改造推广到了 300 万 m^2 住宅小区。

（2）天津某小区遮阳和玻璃改造项目

天津小区某居民对自家住宅进行遮阳和 Low-E 玻璃改造，其成本增量与效益如下表 5-7 所列。

天津某小区遮阳＋玻璃节能改造投入与效益 表 5-7

成本增项	单价（元 /m^2）	面积（m^2/ 户）	每户成本增加（元）
Low-E 中空玻璃差价	120	18.52	2220
合计（元 / 户）	6020		
户建筑面积（m^2）	177		
单位面积成本增加（元 /m^2）	6020 / 177 ＝ 34		
投资回收期（年）	约 15		

5.3 绿标建筑的成本增量与效益分析

5.3.1 获得绿色建筑标识项目的成本增量

（1）2006—2008 年获得绿标项目的成本增量

从 2006 年、2007 年、2008 年的绿色建筑（公共建筑、商品房）项目增量造价统计来看，绿色建筑的增量成本将持续下降。具体成本增量如表 5-8 所列。

绿色建筑各星级的增加量及百分比 表 5-8

一星、二星、三星绿色建筑造价占总建筑造价平均百分比（%）	2.7、4.2、7.3
一星级平均单位建筑面积造价增量（元 /m^2）	103
二星级平均单位建筑面积造价增量（元 /m^2）	207
三星级平均单位建筑面积造价增量（元 /m^2）	360

（2）2008—2015 年获得绿标项目的成本增量

香港城市规划专家叶祖达对 2008—2012 年 8 月 31 日前获得绿色建筑标识的 55 个项目进行了统计，其中有 30 个住宅项目，25 个公共建筑项目，其节能水平和成本增量如表 5-9 所列。

绿色建筑各星级的节能效果及成本增量 表 5-9

建筑类型	评价等级	节能量［kW•h/（m^2•a)］	节能幅度（%）	增量成本区间（元/m^2）	平均成本（元/m^2）
住宅建筑	一星	4.95	54.7	0.43 ～ 168.9	15.98
	二星	8.1	57.4	20.24 ～ 58.9	35.18
	三星	13.56	61.8	11.01 ～ 157.41	67.98
公共建筑	一星	2.6	51.0	5.72 ～ 58.93	28.82
	二星	20.2	59.1	39.28 ～ 306.07	136.42
	三星	30.1	64.8	5.06 ～ 264.52	163.23

截至 2015 年 1 月，我国共评出绿色建筑标识项目 2538 个。有关部门对 2008—2014 年所评标识项目中 1800 多个项目提供了增量成本与年节约运行费用信息，其中，在剔除部分明显不合理的数据后，共统计 1746 个项目的单位面积增量成本。对上述项目中不同星级的住宅建筑和公共建筑的增量成本、年节约运行费用和单位面积年节约运行费用进行分析，如表 5-10 和表 5-11 所列。一星级住宅共统计 351 项，公建共统计 295 项，其增量成本分别为 29 元/m^2 和 36 元/m^2；二星级住宅共统计 471 项，公建共统计 345 项，增量成本分别为 73 元/m^2 和 116 元/m^2；三星级住宅共统计 110 项，公建共统计 174 项，增量成本分别为 135 元/m^2 和 295 元/m^2。

绿色建筑评价标识项目增量成本情况（2008—2014 年） 表 5-10

建筑类型	评价等级	统计数量（项）	增量成本（元/m^2）
住宅建筑	一星	351	29
	二星	471	73
	三星	110	135
公共建筑	一星	295	36
	二星	345	116
	三星	174	295

绿色建筑逐年单位面积增量成本　　表 5-11

建筑类型	评价等级	增量成本区间(元 /m²)				
		2010 年	2011 年	2012 年	2013 年	2014 年
住宅建筑	一星	30	31	34	25	23
	二星	87	90	95	73	66
	三星	150	196	145	139	121
公共建筑	一星	17	41	30	25	21
	二星	184	196	161	118	102
	三星	385	451	378	250	161

表 5-11、图 5-2 和图 5-3 显示了 2010—2014 年的绿色建筑单位面积增量成本。可以看到,住宅建筑的成本增量和公共建筑的成本增量发展趋势基本一致:在 2011 年达到一个峰值,从 2011 年以后,成本增量均呈明显下降趋势。其中，2014 年二星级和三星级公共建筑的单位面积增量成本已接近 2011 年的一半。节能产品的总体趋势是节能产品用得越多,平均价格就会越低。

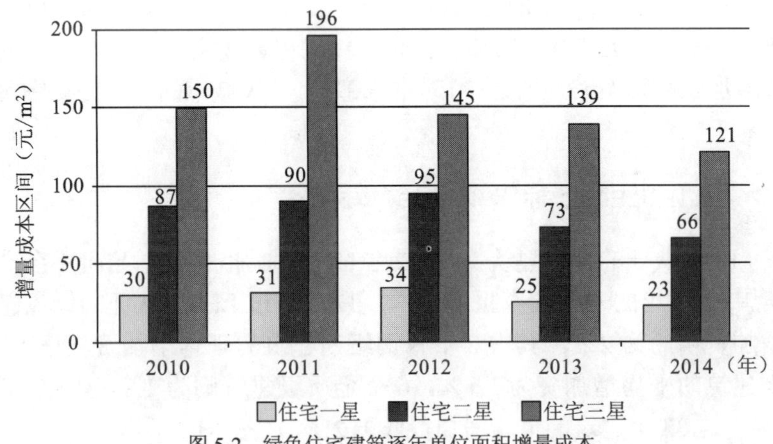

图 5-2　绿色住宅建筑逐年单位面积增量成本

(3)绿色建筑在中国的溢价情况

由于绿色住宅认证在中国认知度有限,目前绿色住宅整体溢价幅度不大。深圳万科城四期（此项目为绿色住宅)在 2008 年 6 月开盘,均价为 12900 元 /m²（包括 1500 元 /m² 的精装修),同时期万科城三期的二手房价格为 10000 ～ 11000 元 / m²（毛坯房),除去装修,四期比三期价格增长了 4%～ 14%,除去考虑新房的溢价外,预计产品绿色生态理念的打造对住房价格影响不大,溢价幅度不超过 5%。

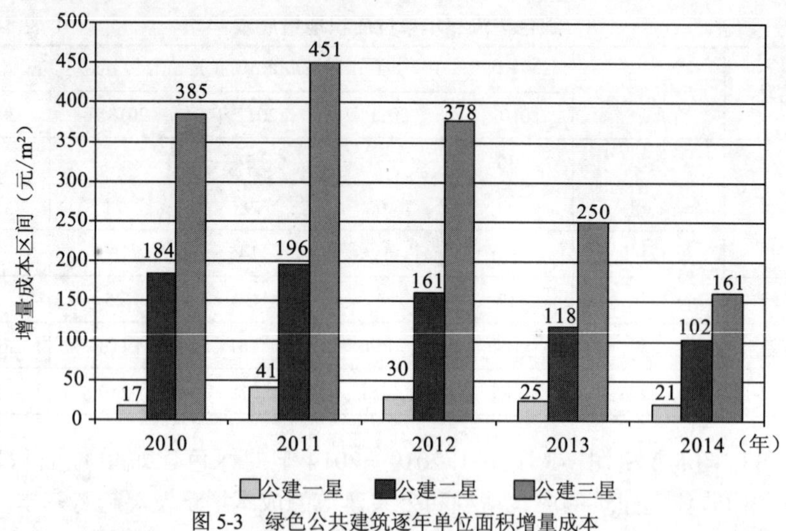

图 5-3 绿色公共建筑逐年单位面积增量成本

现在中国房价的主要成本在于土地出让金和其他税费，并受供求关系影响较大。如 2013 年北京住宅均价 23616 元 / m^2，其中楼面地价、土地税费、企业税费共占 13162.5 元 / m^2，真正的建安成本只有 3255 元 / m^2。如果从绿色建筑的成本增量来看，在 3255 元 / m^2 的价格基础上增长 10%，就可以达到三星级的节能水平。最多增加 300 元 / m^2 左右造价，对中东部一、二级城市的房价的影响可以忽略不计。

5.3.2 美国 LEED 标识项目的成本增量

通过 LEED 认证的绿色建筑，建安成本的确会增加，但是对售价不会产生质的影响。美国 2003 年的一份调查报告显示，33 项通过 LEED 认证的绿色建筑的绿色节能增加费用约为 2%。其中 8 个青铜级别建筑的平均增加费低于 1%，8 个银质级别建筑的平均增加费为 2.1%，6 个金质级建筑则为 1.8%，一个铂金级别的为 6.5%。这 33 个建筑的平均增加费低于 2%，如表 5-12 所示。

美国绿色建筑造价增量比例统计 表 5-12

LEED 级别	平均绿色节能费用增量（%）	LEED 级别	平均绿色节能费用增量（%）
第一级——青铜级别	0.66	第四级——铂金级别	6.5
第二级——银质级别	2.11	33 个建筑平均	1.84
第三级——金质级	1.82		

从长远来看，绿色建筑将随着绿色技术的推广而受市场广泛认可，并获得相应的溢价效应。经过美国 LEED 官方统计，美国通过 LEED 认证的项目价值提升 7.5%。美国绿色住宅在次贷危机中逆市上扬：受次贷危机影响，美国房价在 2007—2008 年间持续下跌，为 1992 年以来最低，但消费者对绿色房屋的需求却持续上涨。绿色房屋行业的知名品牌 ICYNENE 在之前三年平均每年业绩增长 22%。

5.3.3　消费者的绿色建筑成本增量及效益情况

假设上海的某 70m^2 的新建住宅，土建造价 4000 元 / m^2，按节能 50%建造，造价提高 5%（相当于二星级绿色节能建筑），住户平均月供电费 180 元。

（1）显性成本比较

住户购买此绿色节能房子比普通房子贵：4000×5% ×70=14000 元；但每年绿色节能建筑节约电费：180×12×0.5=1080 元 / 年；静态投资回收期：14000÷1080=12.96 年。住户在未来 15 年内完全可以收回绿色节能方面的投资。

（2）隐性收益比较

相对于非节能建筑，绿色节能建筑由于改善了室内的环境，使人的疾病发生率大幅度下降，省去了因房屋环境差而导致的生病医疗费用，这也是“节能”的一种表现。

5.4　小结

在中国，绿色节能技术的应用越来越广泛，其价格也趋向于越来越低。所以无论对于新建绿色节能建筑还是对于旧房的节能改造，尽管会造成成本增加，但是采用绿色节能技术还是非常值得的。在绿色建筑的使用过程中，不仅可以节约能源，并通过节约能源来收回绿色建筑的增量成本，还可以获得更加舒服的生活和工作环境，这符合可持续发展的核心思想。

思考与调研

1. 试分析建筑节能的社会效益。
2. 试分析建筑节能的经济效益。
3. 从政府、开发商、用户三个角度来分析节能投资的成本与效益。

4. 唐山旧房节能改造工程对建筑进行了哪些方面的改造?
5. 论述绿色住宅建筑在中国和美国的溢价情况。
6. 简述住宅建筑和公共建筑两者节能幅度和平均成本的差异。
7. 除窑洞外,中国传统的节能建筑及节能技术还有哪些?
8. 调研你家庭所在地的公共建筑改造情况。
9. 调研你家庭所在地的住宅建筑改造情况。
10. 调研你家庭所在地的民众对绿色建筑的接受情况。

第6章 | 建筑节能发展中存在的问题与建议

中国建筑节能政策实施远远没有实现其应有的潜力，有些是政策制度方面的问题，有些是思想认识方面的问题。推行建筑节能的关键是要把节能从政府“自上而下”的推动，变成群众自发的“自下而上”的愿望。

6.1 中国绿色节能建筑推行中政策层面存在问题

最近十几年来，中国政府制订了大量的政策来推广绿色建筑，但总体来看中国建筑节能政策实施远远没有实现其应有的潜力。

（1）缺乏具体的强有力的法规推行绿色节能建筑

《中华人民共和国节约能源法》对建筑节能的规定太笼统。《绿色建筑评价标准》（GB/T 50378—2014）不具有强制性，自愿申请绿色节能建筑认证的房地产项目，认证后起到的一个很重要的作用是作为房地产开发商的一个销售卖点，但是这个作用并未充分发挥。由于政策没有强制性，大部分房地产开发商对绿色节能住宅没有兴趣，或者是虽然按绿色节能住宅标准进行了设计，但仍按普通住宅进行施工，相关管理部门即便在施工中发现了此类的违反规定的现象，处罚也很轻，不足以改变房地产开发商原有的态度。对于不遵守建筑标准的情况，法律的强制力度远远不够。大量的中低档住宅游离在绿色节能建筑之外，造成绿色节能住宅推行速度缓慢。

（2）绿色建筑认证的艰难与鼓励绿色节能建筑发展相矛盾

《绿色建筑评价标准》（GB/T 50378—2014）的制定，借鉴了国外很多的先进经验，但由于中国的地域广大，东西南北差异大，其在应用中还需要进行大量的完善和改进工作。从最近几年的绿色建筑的认证情况看，被评审的项目淘汰率较高，很多企业费尽心思设计建造了绿色节能住宅，但是由于某一项或某几项未满足《绿色建筑评价标准》（GB/T 50378—2014），即便花费了大量的时间和费用去申报，最终没有任何成果，打击了企业的发展绿色节能建筑的热情，也与鼓励绿色节能建筑发展的初衷相违。

（3）绿色节能建筑监测机制仍不健全

对于新建建筑来讲，从设计阶段到实际建造，建设过程是极其复杂的。建设过程中的监测工作主要有：施工图审查→施工现场进行检查→竣工验收。在很多情况下，建筑设计和最终完成的建筑之间存在较大的差异。所以节能效果如何，需要靠最终的监测结果来说话。而目前中国的节能监测市场仍存在一些问题：

①监测建筑能耗的方法仍然不健全。

②绿色节能项目监管人员数量和质量不能满足要求。要想在全国大范围内推广绿色节能建筑，需要更多具有绿色建筑能耗监测能力的监管人员，而现在从全国范围内的现实情况看，监管人员无论从质量上还是从数量上，都不能满足要求。

③监测机构的公平公正性很难保证。在实际测量中，监测机构很容易受到相关方的干扰，影响监测数据的准确性和监测结果的公正性。

④监测机制只用于新建建筑。既有建筑改造效果，目前无相应的监测机构。

6.2 中低收入群体绿色节能技术应用的障碍

目前城市发展中，不缺少绿色节能建筑的材料，缺少的是绿色建筑的意识。不仅缺少绿色建筑重要性和相关知识的宣传普及与系统教育，严重的信息不对称还致使全社会绿色建筑意识淡薄，发展绿色建筑的积极性和主动性不足。调查表明，中国普通民众对建筑节能的知识相当贫乏，居民对节能建筑产品的接受水平普遍很低。主要有下列几个原因。

(1)宣传不够，大众对绿色节能建筑认识不够

普通居民的意识跟不上经济增长和过去20年新建筑建设的步伐。因为大多数人已经习惯于过简单的生活，普通中国民众的节能最根本的目的是为了省钱，但这种节能是建立在牺牲生活质量和生活品质的基础上。他们满足于搬到新房带来生活水平的提高，许多人仍然没有对舒适生活的体验，不追求建筑功能的高质量，包括建筑节能。有些人即使生活在节能建筑中，或者正在使用节能电器，也体会不到它的好处，因为没有比较，就没有结论。很多人认识不到在不牺牲生活质量和生活品质的前提下仍然可以做到建筑节能。这显然是和政府的宣传不到位有关。

(2)居民掌握不了节能知识，无法进行比较，也无法相信市场

一些人认为建筑节能有必要，但由于节能知识匮乏，当人们评价节能建筑和家用电器的质量时会遇到很大困难。建筑节能往往是无形的，例如墙体保温效应是看不见的，它的好处只有经过一段时间才能体会到。居民缺乏节能知识，而且由于市场诚信缺失，又不相信市场。因为过去“绿色节能建筑”一词作为营销工具被滥用了，居民不再相信商家的各种宣传手段。

(3)认为建筑节能太贵,认识不到建筑节能的经济价值

在家庭层面上,节能建筑的成本通常会被高估,形成这种看法的原因是许多开发商将"绿色建筑"一词作为高端产品开发的营销手段。因此,许多居民认为节能建筑是一种奢侈品,离自己很远。

与新建节能住宅相比,旧房节能改造费用更贵。在唐山的GTZ项目中,改造的平均费用(安装外保温、屋顶隔离、换门窗和内部供热系统的更新)大约是365元/m^2,没有考虑任何额外附加费用。在北京旧房节能改造中,一开始住户根本不同意改造,但住户们在参观了附近唐山的GTZ工程后都同意改造他们自己的房子。68%的北京居民参观了唐山示范工程后表示愿意为加强建筑节能支付更多的费用;而在参观前,只有30%的人愿意支付额外的费用。

(4)房屋私有化,影响建筑节能改造

私有房产权会造成集体行动的困难,成为节能改造的主要障碍。现在住宅私有化,要想整幢建筑都同意进行节能改造,难度很大,特别是一些经济条件差、对节能认识又不足的住户,成为节能改造的最大阻力。

(5)北方供热定价和供热计量方式不合理,影响节能改造进程

居民是建筑节能政策实施的主体,但是他们缺乏投资节能建筑和设备的动力。因为北方供热是按供热面积计费,政府有补贴,而很多条件好的企业基本是福利供暖,花不到居民自己的钱。在使用过程中,住户无法调节室内温度,有时候供热温度低,居民受冻,有时候供热温度高,居民就开窗户"散热",这显然不利于能源节约。最近几年推行的北方供热计量方式改造就是基于这一种原因展开的。

(6)中国文化、生活方式和行为对建筑节能的影响

①私人拥有住宅和住宅大小成为经济地位的象征。这导致人们希望购买的住宅越大越好,即使家庭并不一定需要新住宅提供那么大的生活空间。人们更关心的是住宅面积的大小,而不是绿色节能。因此,这就导致了对大住宅的巨大需求以及人均居住面积的日益增加,从而对能源消耗产生了负面影响。

②改善性置换住房周期短。现在中国提倡购买住宅不要一次到位,要循序渐进,住宅面积由小到大慢慢置换。所以在家庭层面,经常隔几年就出售住宅,然后购买更大的住宅,这已经成为一个趋势。这种做法会制约家庭对建筑节能的投资,因为投资建筑节能的回收期太长,临时居住的房子,居民很难有精力去投资节能。

③历史文化因素的影响,居民认为节能改造是国家的责任。事实上,由于中

国城市地区的人们已经习惯于以前广泛的社会福利制度，所以说到提供住房和能源，民众仍然赋予国家重要的角色。对建筑节能也是这样，大部分中国民众认为，国家的能源补贴是社会福利，住宅的节能改造主要应由国家来进行。

6.3 普通住宅节能技术适用性研究

6.3.1 中低端住宅节能的重要意义

仅从使用期间能耗角度来看，高档住宅人群追求舒适的生活，住宅使用期间的单位面积的能耗比中低端住宅要大很多。而中低端住宅虽然单位面积能耗低，但是总体数量大。所以从节能减排总量的角度来看，高端住宅和中低端住宅的绿色节能技术的应用同样重要。

但目前市场上，房地产商实施绿色节能技术的重点在高端住宅，以绿色节能作为新的卖点，而且被广大富裕阶层接受。对于中低档的住宅，特别是经济适用房鲜有关注。政府也制订了不少政策推广绿色节能住宅的建设，但是同样也只是在树立典型阶段，尚未大面积普及和推广。而中国每年要建设大量的保障性住房，再加上其他房地产开发商建造的普通住宅，还有广大的农村住宅市场，所以中国中低端住宅量大面广，中低端住宅实行绿色节能与否，是关系到中国建筑节能能否取得成效的一个重要方面。

从绿色节能住宅的增量成本来考虑，不同的绿色节能技术和材料，对于住宅的造价成本的增加也是不同的。但这种成本增加对于不同的消费者来说，接受程度却大不相同。增加了绿色节能技术的高端住宅价格对于高端消费者来讲，其对增加的价格敏感性相对较小，多出的价格接受起来相对容易。而对于中低端住宅市场（特别是对于经济适用房），其消费人群普遍收入不高，对于绿色节能住宅的增量成本比较敏感，如果认识不到位，接受起来相对困难。但从另一个方面讲，我国政府提出的住宅节能比例至少是50%，对于中低端住宅来讲，如果实现了这个节能标准，住户每月可减少不菲的能耗支出，而这又是中低端住宅人群所希望的。绿色节能技术的推广，如果说对于高端住宅来讲是锦上添花，那么对于中低端住宅市场则是雪中送炭。中低端住宅市场建筑节能的重要性如图6-1所示。

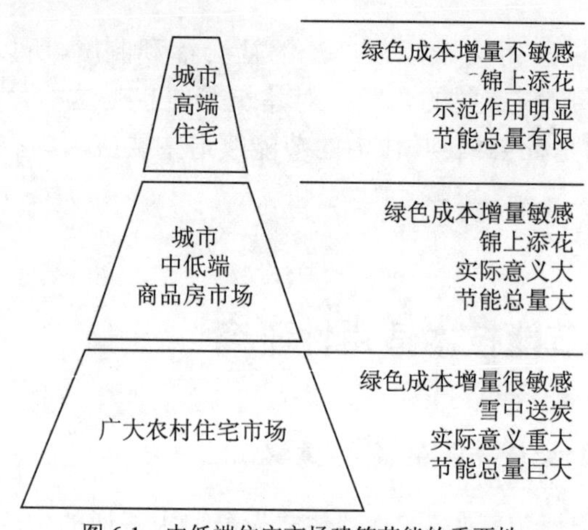

图 6-1 中低端住宅市场建筑节能的重要性

6.3.2 中低端住宅节能适用性技术研究

综合以上研究，适用于普通住宅的绿色节能技术主要如表 6-1 所列。

普通住宅节能技术适用性汇总表

表 6-1

编号	节能技术		成本增加	应用范围	
				新建住宅	旧住宅节能改造
1	科学设计	正确的建筑朝向	0	适用	不适用
2		自然通风	0	适用	不适用
3		自然采光	0	适用	不适用
4	围护结构保温隔热	门窗外遮阳篷、板	低	适用	适用
5		窗户外遮阳	低	适用	适用
6		窗户内遮阳	低	适用	适用
7		节能门窗（双层玻璃、Low-E 玻璃）	低	适用	适用
8		夹心保温墙	中	适用	不适用
9		外保温墙	中	适用	适用
10		内保温墙	中	适用	不适用
11		屋顶绿化	低	适用	适用
12		屋顶保温层	中	适用	适用
13		垂直绿化	低	适用	适用

续上表

编号	节能技术		成本增加	应用范围	
				新建住宅	旧住宅节能改造
14	新能源利用	太阳热水器	低	适用	适用
15		地源热泵	中	适用	不适用
16		光伏发电	高	不适用	不适用
17		风力发电	高	不适用	不适用
18	住宅使用过程节能	非传统水源和中水回用	中	适用	不适用
19		节水器具	中	适用	适用
20		节能家电	高	不适用	不适用
21		全装修绿色环保材料	高	不适用	不适用
22		地板辐射供暖	高	不适用	不适用

从表 6-1 中可以看出，对于新建的住宅，科学设计是节能的第一步，设计科学合理，充分利用自然采光和自然通风，可以减少建筑使用过程中的能耗。这种节能方法在于设计的科学合理性，且不会增加额外成本。另外，无论是新建住宅还是旧房节能改造，围护结构的保温隔热基本上都是通用的，而且成本相对较低，普通住宅完全可以接受。在新能源利用方面，太阳能利用国家有补贴，成本极低，但是要处理好安装太阳能与市容的关系；如果大规模的安装地源热泵，单方造价大约增加 30 元左右，同样可以接受；但风力发电和光伏发电就不属于普通住宅所需要考虑的，因为其成本太高。住宅使用过程中，非传统水源利用、中水利用以及节水型器具，普通住宅都可以考虑安装，但节能家电、全装修绿色环保材料、地板辐射供暖等成本较高，不推荐普通住宅选用这些技术。

从上面的分析来看，节能离普通民众不是非常远，而是非常近。不需要太大的投入，只需要小规模的投入，对房屋进行小范围内的改造，就可以起到良好的节能效果。

表 6-1 所总结的大部分节能技术都可以用到普通住宅甚至是经济适用房的设计和施工过程中。当然不能期望经济适用房达到三星级的绿色节能建筑标准，但最简单、经济适用的节能技术还是要用到经济适用房建设中去，经济适用房节能 50% 的标准是可行的。增加较小的成本，却能换来普通大众较为舒适的居住体验和多年的建筑能耗的降低，节能技术在普通住宅中应用是一项对居住者、对房地产开发商、对国家都非常有意义的事情。

6.4 促进绿色节能技术发展政策的建议

从目前国家绿色节能技术发展的政策导向来看，对于如何普及绿色节能技术在建筑工程中的应用，特别是在普通住宅甚至是经济适用房中的应用，如何把“节能从政府自上而下的推动，变成群众自发的自下而上的愿望”是一个关键。

目前，整个世界包括中国国家层面已经充分认识到节能的重要性，也将其融入很多的国家政策中进行贯彻执行，但是大部分的房地产开发商和普通民众对建筑住宅节能没有很深的认识，没有建造和使用节能住宅的愿望，这对整个中国建筑节能推广非常不利。为此应该采取以下措施。

（1）加大宣传，让普通百姓认识到住宅节能的重要性和效益

通过电视、报刊、互联网等宣传途径，让普通民众认识到住宅节能是和每一个家庭都息息相关的事情，而不光是国家的事情。让人们认识到，住宅节能不是代表高科技，住宅节能不是代表高成本，住宅节能技术也不是高档住宅的专利。要让普通民众通过具体的住宅节能的实例（比如唐山的 GTZ 节能改造项目），明确认识到节能需要有投入，但也会有很大的收益，可在以后的使用期间节省大量的能耗支出，不仅可以提高居住质量，而且从全寿命周期角度来看，是可以省钱的。

只有普通住宅节能有需求了，老百姓才愿意购买节能住宅，开发商才愿意去开发绿色节能住宅。但这一过程需要政府引导，政策支持和样板引路。

（2）加强引导，让普适性的节能技术应用到中低端住宅建筑中

住宅节能技术多种多样，有些已经非常成熟，有些可能还在试验阶段，所以国家要加强引导，把那些成本低、施工技术难度小且节能效果好的技术重点推广，让普通百姓甚至保障房用户也享受到节能住宅带来的好处。

（3）加快推广，把绿色节能技术应用到农村建筑市场

2011 年，中国房屋建筑面积约 469 亿 m^2，总能耗为 8.14 亿 tce（同年中国能源消耗总量为 34.8 亿 tce），其中农村住宅面积约 238.19 亿 m^2，能耗为 3.24 亿 tce。农村住宅面积占到房屋总面积的 50% 以上，农村建筑能耗约占我国建筑总能耗的 39.8%。农村建筑节能的推进效果将直接影响我国 2020 年节能减排的目标能否实现。国家应通过农村住宅节能潜力分析和建筑节能技术能效分析，探索并致力推广适用于农村的建筑节能技术。

(4)加大监管,突出对绿色节能建筑使用中的能源消耗监测

从这一点上讲,加强建筑使用期间能耗的监测,通过与设计能耗对比来比较是否达到了预期节能效果,要比多颁发几个“绿色建筑设计评价标识”项目更重要、更实际。当然,这需要更多的监测人员、监测设备的投入,但这是非常有必要的,是让普通民众认为节能有实效的最直接的手段。

思考与调研

1. 分析中国绿色建筑推广中政策层面存在的问题。
2. 分析中国绿色建筑推广中技术层面存在的问题。
3. 分析中国绿色建筑推广中思想认识层面存在的问题。
4. 中国的文化、行为和生活方式对建筑节能有什么影响?
5. 绿色建筑节能技术的应用为什么在中低收入群体中存在很大障碍?
6. 试论述北方供热按供热面积收费的合理性及理由。
7. 对普通住宅建筑节能技术的经济适用性进行分析。
8. 对于促进绿色建筑发展,你有哪些好的建议?
9. 调研你家庭所在地的农村住宅的节能现状。
10. 调研在你家乡,建筑节能较难施行的主要原因。

①技术问题:______

②资金问题:______

③观念问题:______

④其他问题:______

参考文献

[1] 清华大学节能研究中心 . 中国建筑节能年度发展报告 2014[M]. 北京: 中国建筑工业出版社，2014.

[2] 张川, 宋凌, 孙潇月, 等 .2014 年度绿色建筑评价标识统计报告[J]. 建设科技，2015(6).

[3] 叶祖达, 李宏军, 宋凌 . 中国绿色建筑技术经济成本效益分析[M]. 北京: 中国建筑工业出版社，2013.

[4] 中国城市科学研究会 . 中国绿色建筑 2014[M]. 北京: 中国建筑工业出版社，2014.

[5] 中国城市科学研究会 . 中国绿色建筑 2013[M]. 北京: 中国建筑工业出版社，2013.

[6] 住房和城乡建设部科技发展促进中心 . 中国建筑节能发展研究报告 2010[M] . 北京: 中国建筑工业出版社，2011.

[7] 徐勇谋 . 当代城市经济发展与房地产业[M]. 上海: 上海大学出版社，2012.

[8] 清华大学节能研究中心 . 中国建筑节能年度发展报告 2010[M]. 北京: 中国建筑工业出版社，2010.

[9] 迟福林 . 以人口城镇化为支撑的公平可持续发展[N]. 经济参考报，2012-11-05(8).

[10] 郭艳娇, 寇明风 . 关于我国税负"痛苦"的理性思考[J]. 财政研究，2013(3).

[11] 刘德炳 . 哪个省更依赖土地财政？[J]. 中国经济周刊，2014(14).

[12] 陈文魁 . 城镇化建设与可持续发展[M]. 北京: 国家行政学院出版社，2013

[13] 李国, 王静姝 . 地下管网 "共同沟" 建设缘何那么难[N]. 工人日报，2014-07-03(4).

[14] 张炜, 李思敏, 时真男 . 我国城市暴雨内涝的成因及其应对策略[J]. 自然灾害学报，2012，21(5).

[15] 王恩茂 . 基于全寿命周期费用的节能住宅投资决策研究[D]. 西安: 西安建筑科技大学，2008.